Forschungsreihe der FH Münster

Die Fachhochschule Münster zeichnet jährlich hervorragende Abschlussarbeiten aus allen Fachbereichen der Hochschule aus. Unter dem Dach der vier Säulen Ingenieurwesen, Soziales, Gestaltung und Wirtschaft bietet die Fachhochschule Münster eine enorme Breite an fachspezifischen Arbeitsgebieten. Die in der Reihe publizierten Masterarbeiten bilden dabei die umfassende, thematische Vielfalt sowie die Expertise der Nachwuchswissenschaftler dieses Hochschulstandortes ab.

Weitere Bände in der Reihe https://link.springer.com/bookseries/13854

Christine Hornbergs

Konzeptentwicklung für eine plattformgestützte Zusammenarbeit im Sinne der BIM-Methodik in der technischen Gebäudeausrüstung

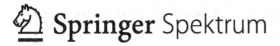 Springer Spektrum

Christine Hornbergs
Fachbereich Energie-, Gebäude-
und Umwelttechnik
Fachhochschule Münster
Steinfurt, Deutschland

Masterarbeit Fachhochschule Münster, Fachbereich Energie-, Gebäude- und Umwelttechnik, 2020

ISSN 2570-3307   ISSN 2570-3315   (electronic)
Forschungsreihe der FH Münster
ISBN 978-3-658-37006-0   ISBN 978-3-658-37007-7   (eBook)
https://doi.org/10.1007/978-3-658-37007-7

Die Deutsche Nationalbibliothek verzeichnet diese Publikation in der Deutschen Nationalbibliografie; detaillierte bibliografische Daten sind im Internet über http://dnb.d-nb.de abrufbar.

Planung Lektorat: Marija Kojic
Springer Spektrum ist ein Imprint der eingetragenen Gesellschaft Springer Fachmedien Wiesbaden GmbH und ist ein Teil von Springer Nature.
Die Anschrift der Gesellschaft ist: Abraham-Lincoln-Str. 46, 65189 Wiesbaden, Germany

Inhaltsverzeichnis

Abkürzungsverzeichnis

AIA	Auftraggeber-Informationsanforderungen
BAP	BIM-Abwicklungsplan
BCF	BIM Collaboration Format
BIM	Building Information Modeling
BLB	Bau- und Liegenschaftsbetriebs
BMUB	Bundesbauministerium
BMVI	Bundesministeriums für Verkehr und digitale Infrastruktur
CDE	Common Data Environment
EU	Europäische Union
HOAI	Honorarordnung für Architekten und Ingenieure
IFC	Industry Foundation Classes
LOD	Level of Development
LOG	Level of Geometry
LOI	Level of Information
LPH	Leistungsphase
MDG	Modelldetailierungsgrad
MVD	Model View Definition
PDF	Portable Document Format
RVT	Revise Instantly
VOB	Vergabe- und Vertragsordnung für Bauleistungen

Abbildungsverzeichnis

Tabellenverzeichnis

Einleitung

1

Building Information Modeling (BIM) ist eine digitale Methode zur agilen und kooperativen Zusammenarbeit aller Akteure der Baubranche. In der Bauwelt ist BIM bereits ein globaler Megatrend, der die Branche in den nächsten Jahren von Grund auf verändern wird. Europäische und nationale Vorgaben aus der Politik fordern und fördern, die BIM-Methodik als allgemeinen Standard bei der Durchführung von Bauvorhaben zu etablieren.

Laut der Studie „BIM-Are you ready?"[1] ist BIM in den planenden Unternehmen angekommen. Jedoch ist ein heterogenes Bild der BIM-Anwender in den planenden Unternehmen der Baubranche zu erkennen. Fortgeschrittene und erfolgreiche BIM-Anwender stehen planenden Unternehmen gegenüber, die BIM gerade erst entdecken. Dabei ist nach eigenen Aussagen der planenden Unternehmen, die BIM bereits erfolgreich anwenden, dass ihr angebotenes Leistungsportfolio eine Mischung aus traditioneller Planungstätigkeit mit der zu Hilfenahme einer BIM-fähigen Software zur Bauabwicklung ist. Gründe dafür sind die fehlenden definierten Standards und der dadurch verursachte heterogene Kenntnis- und Durchführungsstand zur effektiven Projektabwicklung im Sinne der BIM-Methodik.[2] Folglich wird die BIM-Methodik nicht vollumfänglich implementiert und umgesetzt.

---

[1] Studie Dr. Wieselhuber & Partner GmbH aus dem Jahr 2018 – Befragung von 200 Experten aus der Baubranche.

[2] Vgl. Dr. Wieselhuber & Partner GmbH (08/2018), S. 8

Für ein homogenes Bild der BIM-Anwender, das auf der erfolgreichen Implementierung in den planenden Unternehmen in der technischen Gebäudeausrüstung beruht, sind detailliert definierte Standards zur vollumfänglichen Implementierung und Anwendung der BIM-Methodik relevant. Dies bedarf der Entwicklung eines standardisierten Konzeptes als Werkzeug zur effektiven Implementierung und Anwendung der BIM-Methodik in der technischen Gebäudeausrüstung.

Folglich ist das Ziel der vorliegenden Ausarbeitung, ein offenes Konzept für eine plattformgestützte Zusammenarbeit im Sinne der BIM-Methodik in der technischen Gebäudeausrüstung auf der Basis von Standards zu entwickeln, um so die BIM-Methodik erfolgreich und vollumfänglich implementieren und anwenden zu können.

Die Arbeit ist folgendermaßen aufgebaut. Zu Beginn werden für das weitere Verständnis relevante Grundlagen der BIM-Methodik erläutert. Dabei wird in Abschnitt 2.1 der Begriff genau definiert und Abschnitt 2.2 gibt einen Überblick über die verschiedenen Anwendungsklassifizierungen der BIM-Methodik. Die nachfolgenden Abschintte gehen näher auf die Klassifizierung „big open BIM" ein, indem der Informationsaustausch, das Informationsmodell sowie die Kollaborationsplattform dieser Anwendungsmöglichkeit näher erläutert werden.

Kapitel 3 befasst sich mit der strategischen Implementierung der BIM-Methodik, die als Basis für die Entwicklung von Standards für eine plattformgestützte Zusammenarbeit dient. Dabei werden in Abschnitt 3.1 die Erkenntnisse von einer bereits durchgeführten Studie mithilfe einer Umfrage in einem etablierten Planungsbüro detailliert hinterfragt und belegt. In Abschnitt 3.2 fließen diese Erkenntnisse in die Entwicklung eines beispielhaften Leitfadens für die strategische Implementierung ein, um den erfolgreichen Wandel von der klassischen Planung hin zur plattformgestützten Zusammenarbeit im Sinne der BIM-Methodik zu mobilisieren.

In Kapitel 4 werden einzelne Aspekte der strategischen Implementierung in das zu entwickelnde Konzept (Werkzeug) der plattformgestützten Zusammenarbeit im Sinne der BIM-Methodik integriert. Dadurch kann das Konzept als Bestandteil der ganzheitlichen strategischen Implementierung und Anwendung der BIM-Methodik gesehen werden. Dabei wird in Abschnitt 4.1 zuerst die ausgewählte BIM-Management-Plattform Plannerly vorgestellt. Anschließend wird in Abschnitt 4.2 die eigens entwickelte universelle Vorlage „DIN 276 (KG400 only) Folders & Elements (German)" mit den Kostengruppen 411 „Abwasseranlagen" und 412 „Wasseranlagen" für das Gewerk Sanitär als Konzept für eine plattformgestützte Zusammenarbeit im Sinne der BIM-Methodik in der technischen

Gebäudeausrüstung präsentiert. Um die Praxiskompatibilität zu testen wird die Vorlage in Plannerly anhand eines Beispielprojektes in Abschnitt 4.3 angewendet. In dem darauffolgenden Fazit in Kapitel 5 werden die Erkenntnisse und Mehrwerte des ausgearbeiteten Konzepts beschrieben. Kapitel 6 gibt einen Ausblick auf mögliche Erweiterungen und Verbesserungen sowohl des entwickelten Konzepts, als auch der Plattform Plannerly. Abschließend wird in Kapitel 7 eine zusammenfassende Übersicht der vorliegenden Masterarbeit präsentiert.

Zur Verbesserung der Leserlichkeit wird für sowohl weibliche, männliche als auch diverse Personen ausschließlich die männliche Sprachform verwendet.

Stand der Technik

2

Der Begriff „Building Information Modeling (BIM)" und die damit einhergehende Methodik zur Anwendung sowie die zu erbringenden Leistungen sind in den allgemeingültigen Regelwerken definiert. Es werden durchaus verschiedene Theorien aus diversen Blickwinkeln zugelassen. Somit bestehen im Hinblick auf die Methodiken und Prinzipien, die BIM definieren, sehr viele Unklarheiten. Es ist vergleichbar mit dem Gleichnis in Abb. 2.1. Blinde Männer untersuchen unterschiedliche Körperteile eines Elefanten. Sie nehmen das Tier nur aus der eigenen Perspektive wahr und kommen somit zu abweichenden Schlussfolgerungen. Ein komplettes (einheitliches) Bild des Elefanten existiert für keinen.

Zum besseren Verständnis und zur Anwendung der BIM- Methodik in der technischen Gebäudeausrüstung wird in den nachfolgenden Abschitten der Stand der Technik erläutert.

Abb. 2.1 Der BIM-Elefant[1]

2.1 Definition BIM

Die BIM-Methodik basiert auf einem erkennbaren Prozess und findet in allen Arbeitsbereichen und Phasen Anwendung, die mit der Planung, Realisierung und dem Management eines Gebäudes zusammenhängen. Mittels der intensiven Verwendung digitaler Werkzeuge ermöglicht die Methodik eine effiziente, kooperative und digitale Zusammenarbeit aller am Bau Beteiligten. Parallel dazu lässt die BIM-Methodik eine transparente Visualisierung der Ergebnisse zu.[2] Im Stufenplan Digitales Planen und Bauen des Bundesministeriums für Verkehr und digitale Infrastruktur (BMVI) wird der Begriff BIM folgendermaßen definiert:

„Building Information Modeling bezeichnet eine kooperative Arbeitsmethodik, mit der auf der Grundlage digitaler Modelle eines Bauwerks die für seinen Lebenszyklus relevanten Informationen und Daten konsistent erfasst, verwaltet und in einer transparenten Kommunikation zwischen den Beteiligten ausgetauscht oder für die weitere Bearbeitung übergeben werden."[3]

Die Definition weist auf die zwei wesentlichen Komponenten hin. Wesentliche Komponenten sind die Methodik und das digitale Modell. Diese sind untrennbar miteinander verbunden, sodass die BIM-Methodik nur durch die Kooperation

---

[1] Eigene Darstellung in Anlehnung an Baldwin/e. V./AG (2018), S. 10.

[2] Vgl. AHO-Arbeitskreis (2019), S. 3

[3] Bundesministerium für Verkehr und digitale Infrastruktur (12/2015), S. 4

dieser beiden Komponenten funktioniert.[4] Hierdurch werden die Mehrwerte der Methodik generiert, die darin bestehen, dass die Methodik wertschöpfend, gemeinschaftlich, modellbasiert, informationszentrisch und standardisiert ist.[5]

Grundlage der Methodik ist ein virtuelles Informationsmodell[6], das ein digitales Abbild des realen Gebäudes darstellt. Neben den geometrischen Informationen enthält das BIM-Modell bauteilorientierende Informationen. Diese werden mit Informationen zu Material, Beschaffenheit, technischen Eigenschaften, Terminen sowie Kostenkennungen angereichert oder verknüpft.[7]

Informationen sind eine reinterpretierbare Darstellung von Daten in formalisierter Form und geeignet für Kommunikation, Interpretation oder Verarbeitung.[8] In einer Informationsdatenbank werden die Informationen zusammengefasst. Dabei ist ein wesentlicher Bestandteil die Maschinenlesbarkeit der anfallenden Dokumente.

BIM bildet den gesamten Lebenszyklus vom Entwurf bis zum Abriss oder Umbau des Gebäudes virtuell ab, jedoch nur unter der Voraussetzung, dass eine durchgängige Nutzung und verlustfreie Weitergabe des digitalen Informationsmodells gewährleistet ist. Grundsätzlich fordert diese kooperative Arbeitsweise der BIM-Methodik einheitliche und konsistent angewandte Prozesse und Regeln zur Erstellung, Weitergabe, Nutzung und Verwaltung von Informationen.[9] Für die Umsetzung der BIM-Methodik werden zudem Fachwissen, Regelwerke, Datenbanken und Softwareanwendungen benötigt.[10]

Ein potentieller Mehrwert der BIM-Methodik für den Anwender ist die hochwertige Qualität eines Gebäudes und der gebäudetechnischen Anlagen während des gesamten Lebenszyklus. Weitere Mehrwerte und Vorteile der BIM-Methodik sind:

– Auftraggeber und Nutzer können Planungsfortschritt am Informationsmodell erkennen und profitieren von der anschaulichen Aufbereitung der Informationen,
– transparente Planung,
– detaillierte Mengenermittlung,

---

[4] Vgl. Dr.-Ing. Peter Vogel/Dr. Christoph Schünemann (2017), S. 44–52.
[5] Vgl. VDI 2552 Blatt 1 (2020), S. 8
[6] Vgl. DIN EN ISO 19650–1 (2019), S. 11.
[7] Vgl. Bundesministerium für Verkehr und digitale Infrastruktur (04/2019), S. 8
[8] Vgl. DIN EN ISO 19650–1 (2019), S. 11.
[9] Vgl. Eschenbruch/Leupertz (2016), S. 69.
[10] Vgl. AHO-Arbeitskreis (2019), S. 3

- Vereinfachung der Kommunikation im Projektteam durch das digitale Informationsmodell,
- Kollisionserkennung anhand der Visualisierung der zusammengesetzten Informationsmodelle,
- Schnittstellen bzw. Verknüpfungen zu verschiedenen Berechnungs- und Simulationsprogrammen z. B. zur Wärmebedarfsberechnung oder Beleuchtungsanalyse,
- Überprüfung der Einhaltung von gesetzlichen Vorschiften, Normen und Richtlinien,
- höhere Planungs-, Termin- und Kostensicherheit,
- frühzeitige Erkennung von Risiken und Risikomanagement,
- Vermarktungswerkzeug,
- Öffentlichkeitsarbeit,
- effizientes kooperatives Planen und Bauen miteinander.[11,12,13]

2.2 Anwendung der BIM-Methodik

Die Anwendung der BIM-Methodik ist für öffentliche Projekte auf internationaler Ebene u. a. in den Ländern Großbritannien, Schweden, Norwegen, USA verpflichtend. Auf nationaler Ebene ist die BIM-Anwendung seit 2020 unumgänglich.

Am 15. Januar 2014 verabschiedete das Europäische Parlament auf der Ebene der Europäischen Union (EU) eine Richtlinie, die den Einsatz von computergestützten Methoden zum Beispiel BIM zur Vergabe von öffentlichen Bauaufträgen und Ausschreibungen empfiehlt.[14]

Bezüglich der nationalen Anwendung der BIM-Methodik erlaubt die Vergabe- und Vertragsordnung für Bauleistungen (VOB) seit 2016, dass Auftraggeber die Anwendung der BIM-Methodik in der Ausschreibung verbindlich vorschreiben können. Im Januar 2017 hat das Bundesbauministerium (BMUB) einen Erlass mitgeteilt, dass alle öffentlichen Projekte mit einem geschätzten Bauvolumen von mehr als 5 Millionen € brutto überprüft werden müssen, ob sich die Anwendung der BIM-Methodik rentiert.[15]

---

[11] Vgl. AHO-Arbeitskreis (2019), S. 3 f.
[12] Vgl. Essig (2015), S. 10.
[13] Vgl. Borrmann u. a. (2015), S. 16.
[14] Vgl. Rat der europäischen Union (08/2013), S. 154.
[15] Vgl. Zentralverband des Deutschen Baugewerbes e. V. (2017), S. 3

Im Koalitionsvertrag für Nordrhein-Westfalen vom 26. Juni 2017 hingegen gilt, dass seit 2020 die BIM-Methodik verpflichtend für Vergaben des Bau- und Liegenschaftsbetriebs (BLB) und für Straßen.NRW ist. Das Bundesland Nordrhein-Westfalen soll eine Vorreiterrolle bei der Einführung der BIM-Methodik einnehmen.[16] In dem Koalitionsvertrag auf nationaler Ebene vom 7. Februar 2018 wird verdeutlicht, dass vor allem mithilfe der BIM-Methodik die Digitalisierung der Baubranche verstärkt werden soll. Dabei sollen besonders der Mittelstand sowie kleinere Planungsbüros nicht unberücksichtigt bleiben.[17]

Für die Umstellung von der herkömmlichen zeichnungsgestützten auf die modellgestützte Arbeit sind Änderungen an den unternehmensinternen und unternehmensübergreifenden Prozessen notwendig. Um die aktuelle Funktionstüchtigkeit der unternehmerischen Abläufe nicht zu gefährden und die Zielsetzung der Anwendung der BIM-Methodik zu erreichen, wird diese schrittweise in Unternehmen eingeführt.

In diesem Zusammenhang wird bei der Anwendung der BIM-Methodik zwischen verschiedenen technologischen Klassifikationen unterschieden, die jeweils verschiedene Anforderungen mit sich bringen. Dadurch wird die Tiefe der Anwendung der BIM-Methodik, die das Unternehmen innerhalb eines Projektes einsetzt, eingegrenzt.

Allgemein wird zwischen „little BIM" und „big BIM" unterschieden. Diese werden jeweils weiter unterteilt in „open BIM" und „closed BIM". Unter „little BIM" wird eine Insellösung innerhalb eines Unternehmens und der alleinigen Nutzung der BIM-Methodik, z. B. bei der Bearbeitung weniger Projektphasen, verstanden. Bei dem Begriff „big BIM" hingegen handelt es sich um eine interdisziplinäre und durchgängige Anwendung der BIM-Methodik. Diese Anwendung schließt eine Koordination unterschiedlicher Fachdisziplinen oder Unternehmen mit ein und erstreckt sich gegebenenfalls über den gesamten Lebenszyklus eines Bauwerkes.[18]

In Bezug auf die geschlossene Softwarelösung wird der Begriff „closed BIM" verwendet. Dabei wird eine einheitliche Softwarepalette zur Bearbeitung des Projektes verwendet, die in den meisten Fällen durch den Bauherrn festgelegt wird. Der Informationsaustausch erfolgt über proprietäre Schnittstellen z. B. dem Austauschformat rvt., wodurch die Softwarelösungen miteinander kompatibel sein müssen.

---

[16] Vgl. Koalition NRW (06/2017), S. 31.

[17] Vgl. AHO-Arbeitskreis (2019), VII.

[18] Vgl. Zentralverband des Deutschen Baugewerbes e. V. (2017), S. 7

Im Gegensatz dazu beschreibt der Begriff „open BIM" die offene Software-lösung und somit das produktunabhängige Arbeiten. Der Informationsaustausch erfolgt über interoperable Schnittstellen und Austauschformate. Ein beispielhaftes interoperables Austauschformat ist das Industry Foundation Classes (IFC)-Format. In diesem Fall ist ein Informationsaustausch zwischen heterogenen und interoperablen Programmen möglich.[19]

Die Kombinationen der verschiedenen technischen Klassifikationen sind in Abb. 2.2 dargestellt und werden nachfolgend aufgezeigt:

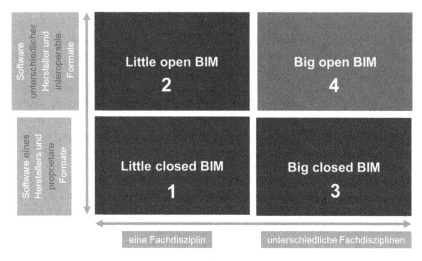

Abb. 2.2 Klassifizierung der BIM-Methode[20]

1. „little closed BIM" – geschlossene BIM-Insel
   Die BIM-Methodik wird isoliert von der jeweiligen Fachdisziplin mit der eigenen Software angewendet und es existieren separate Fachmodelle. Ebenfalls findet der Informationsaustausch nur intern über proprietäre Formate und nicht mit anderen Projektbeteiligten aus anderen Fachdisziplinen auf Basis des Informationsmodells statt.

---

[19] Vgl. Hausknecht/Liebich (2016), S. 10.
[20] Eigene Darstellung in Anlehnung an Silbe u. a. (2017), S. 25.

2. „little open BIM" – offene BIM-Insel
   Bei dieser Klassifikation wird die BIM-Methodik ebenfalls separat und fach-disziplinär angewendet, wodurch separate Fachmodelle vorherrschen. Jedoch ist der Informationsaustausch über interoperable Formate auf Basis einer ein-vernehmlichen Regelung (z. B. Pflichtenheft) mit anderen Fachdisziplinen möglich.

3. „big closed BIM" – geschlossene BIM-Integration
   Die unterschiedlichen Fachdisziplinen arbeiten bei der BIM-Methodik mit einer Softwarefamilie. Über proprietäre Formate werden die unterschiedlichen Fachmodelle in festgelegten Abständen zu einem gemeinsamen Informations-modell federiert[21].

4. „big open BIM" – offene BIM-Integration
   Alle unterschiedlichen Fachdisziplinen arbeiten mit ihrer eigenen Software, sodass ein heterogenes Softwareumfeld entsteht. Die individuellen Fach-modelle werden über interoperable Formate, in der Regel IFC-Formate, in festgelegten Abständen zu einem gemeinsamen Informationsmodell federiert.

Das Ziel der großflächigen Implementierung der BIM-Methodik in Deutsch-land ist der Einsatz von „big open BIM", da es den größten Mehrwert für die Bauwirtschaft verspricht.[22,23] Es ist mit dem BIM-Level 2 des englischen BIM-Reifegradmodells zu vergleichen. Dieses bedeutet, dass alle Projektbeteiligten ihre 3D-Fachmodelle mit individueller Software erarbeiten und der Informati-onsaustausch nach klar definierten Regeln erfolgt. Die 3D-Fachmodelle werden über eine Kollaborationsplattform zu einem Informationsmodell federiert, um Planungskonflikte (z. B. Kollisionen) zu lösen.[24]

2.3 Informationsaustausch auf Basis von „big open BIM"

Der Informationsaustausch zwischen allen Projektbeteiligten über Schnittstel-len ist maßgebend für die kooperative und problemlose Zusammenarbeit in einem Projekt. Zusätzlich ist die damit verbundene Erstellung eines virtuel-len Informationsmodells dabei von großer Bedeutung. Sämtliche Informationen eines Projektes können auf einer Projektkommunikationsplattform beispielsweise

---

[21] Vgl. DIN EN ISO 19650–1 (2019), S. 12.
[22] Vgl. Hausknecht/Liebich (2016), S. 45.
[23] Vgl. Silbe u. a. (2017), S. 25.
[24] Vgl. Borrmann u. a. (2015), S. 16.

TrimbleConnect oder Plannerly, sowie in einem Netzwerk zusammengefasst und ausgetauscht werden. Ziel ist es, dass alle Informationen unabhängig von der Software von allen Projektbeteiligten problemlos über eine gemeinsame Datenumgebung (engl. Common Data Environment, CDE) genutzt werden können.

Ein standardisiertes, herstellerunabhängiges und offenes Informationsaustauschformat, beispielweise das IFC-Format ist erforderlich, um die aufkommenden Informationsmengen weiteren Projektbeteiligten zur Verfügung stellen zu können.[25]

Das IFC-Format für BIM ist vergleichbar mit dem Format Portable Document Format (PDF).[26] Mit der IFC-Schnittstelle werden sämtliche geometrische und alphanumerische BIM-Informationen, beispielsweise Materialangaben, Herstellerangaben, technischen Spezifikationen und Klassifikationen des Modellelementes, ausgetauscht. Ein IFC-Format enthält folglich die einzelnen Eigenschaften von Modellelementen, die eine Erstellung des Informationsmodells ermöglicht.[27]

Jeder Informationsexport mittels des IFC-Formats dient einem anderen Verwendungszweck und erfordert jeweils eine eigene Zusammenstellung von spezifischen Informationen. Um einen effektiven Informationsaustausch zu gewährleisten, sollte vorab beispielsweise im BIM-Abwicklungsplan (BAP) festgelegt werden, welche relevanten Informationen exportiert werden. Durch den IFC-Filter (engl. Model View Definition, (MVD)) kann eine genaue Auswahl empfängerrelevanter Informationen getroffen werden, sodass eine Übermittlung von nicht notwendigen Projektinformationen vermieden werden kann.[28] Die exportierten IFC-Dateien können von Drittprogrammen beispielsweise zur Wärmebedarfsanalyse geöffnet und ausgewertet werden. Mit den Drittprogrammen sind keine Veränderungen der in das Informationsmodell federierten Fachmodelle möglich.[29]

2.4   Informationsmodell auf Basis von „big open BIM"

Das Informationsmodell entsteht durch die Federation der einzelnen Fachmodelle innerhalb einer CDE. Dabei können die federierten Informationen gemeinsam genutzt werden.

---

[25] Vgl. Silbe u. a. (2017), S. 56 f.

[26] Vgl. Baldwin/e. V./AG (2018), S. 67.

[27] Vgl. Egger, Martin/Hausknecht, Kerstin/ Liebich, Thomas (2013), S. 74.

[28] Vgl. Baldwin/e. V./AG (2018), S. 67.

[29] Vgl. Eschenbruch/Leupertz (2016), S. 99.

3D-Fachmodelle bestehen aus unterschiedlichen, miteinander verknüpften Modellelementen beispielsweise Objekten, Bauteil- und Mengentypen. Diese Modellelemente sind in räumlichen und logischen Strukturen (Topologien) miteinander verbunden.[30]

Der Aufbau der 3D-Fachmodelle erfolgt unter der Beachtung wichtiger Modellierungsregeln, die explizit zu Beginn jedes Projektes im Auftraggeber-Informationsanforderungen (AIA)-Dokument durch den Auftraggeber festzulegen sind:

- einheitlicher Koordinatenursprung,
- einheitliche Maßeinheiten,
- räumliche Strukturierung des Aufbaus der Fachmodelle,
- Erstellung der Modellelemente mittels BIM-Modellierungssoftware,
- Typenbezeichnungen der einzelnen Objekte,
- einheitliche Namenskonvektionen von Bauabschnitten, Stockwerken, Räumen, gemeinsamen Inhalten, gemeinsamen Dateien,
- Festlegung der Detaillierungsgrade (LOD) der Modellelemente entsprechend den Leistungs- bzw. Planungsphasen.[31]

In Deutschland gibt es diesbezüglich noch keine allgemein verbindliche und standardisierte Festlegung im Sinne einer BIM-Richtlinie. Durch diese Modellierungsregeln werden Probleme bei der Federation von Fachmodellen und Fehler bei der Auswertung über Drittprogramme vermieden.[32] Ein 3D-Informationsmodell ist grundsätzlich realitätsnah zum planenden Bauwerk zu modellieren. Die Detailtiefe der Modellelemente ist abhängig von der Leistungs- bzw. Planungsphase sowie dem entsprechenden geforderten Modelldetaillierungs-grad.

Ein Modelldetaillierungsgrad (MDG), oft auch wie im Englischem Level of Development (LOD) genannt, beschreibt den jeweiligen Detaillierungs- oder Entwicklungsgrad des Fachmodells und des Informationsmodells. Der LOD ist die Summe aus dem Level of Geometry (LOG) und dem Level of Information (LOI). Inhaltlich muss der LOD den fachlich notwendigen Planungsinforma-tionen und der beauftragten Planungsleistung (Lieferleistung) zu der jeweiligen

---

[30] Vgl. VDI 2552 Blatt 1 (2020), S. 35.

[31] Vgl. VDI 2552 Blatt 1 (2020), S. 38.

[32] Vgl. Hausknecht/Liebich (2016), S. 117.

Leistungsphase entsprechen. Im Rahmen der AIA und des BAP werden weitere Eigenschaften definiert, die das Modellelement enthalten soll.[33] Die Tab. 2.1 zeigt die verschiedenen LOD's und die Eigenschaften, angepasst an die jeweilige Leistungsphase.

Dabei gilt der Vorsatz, dass je höher der Detailgrad eines Modells ist, desto höher kann die Anzahl der BIM-Anwendungen sein. Es muss berücksichtigt werden, dass nur relevante Informationen genutzt werden, um die Übersichtlichkeit des Modells zu wahren.

3D-Informationsmodelle können durch eine Verknüpfung mit Terminen zu einem 4D-Informationsmodell erweitert werden. Diese können zur Simulation des Bauablaufs genutzt werden. Ebenfalls können die Modellelemente mit Kosteninformationen versehen werden, sodass ein 5D-Informationsmodell entsteht.[34]

Tab. 2.1 Klassifizierung von LOD's[35]

Level of Development (LOD)	Leistungsphase	Beschreibung
100	LPH 2 – Vorplanung	Modellierung der gängigen Baukörpergeometrie mit Fläche, Höhe, Volumen, Positionierung und Orientierung in 3D oder durch andere Informationen. (konzeptionell)
200	LPH 3 – Entwurfsplanung	Modellierung als vereinfachte Baugruppen oder Anlagen mit groben Mengen, Abmaßen, Formen, Positionierungen und Orientierungen. Zuweisung von alphanumerischen Informationen. (ungefähre Geometrie)

(Fortsetzung)

---

[33] Vgl. Arbeitskreis BIM, AG BIM-Leitfaden (09/2016), S. 10.
[34] Vgl. Zentralverband des Deutschen Baugewerbes e. V. (2017), S. 17.
[35] Eigene Darstellung in Anlehnung an Hausknecht/Liebich (2016), S. 136.

Tab. 2.1 (Fortsetzung)

Level of Development (LOD)	Leistungsphase	Beschreibung
300	LPH 5 – Ausführungspla- nung	Modellierung als Baugruppen oder Anlagen mit exakten Mengen, Abmaßen, Formen, Positionierungen und Orientierungen. Weitere Zuweisung von alphanumerischen Informationen. (genaue Geometrie)
400	LPH 8 – Objektüberwa- chung und Dokumentation	Modellierung als Baugruppen oder Anlagen mit exakten Mengen, Abmaßen, Formen, Positionierungen und Orientierungen. Ergänzungen aller Herstellerinformationen, Bau- und Zubehörteilen und Ausführungsdetails. Weitere Zuweisung von alphanumerischen Informationen. (Ausführung)
500	LPH8 – Objektüberwa- chung und Dokumentation	Dokumentation als gebaute Baugruppen und Anlagen mit den in der Ausführung realisierten Mengen, Abmaßen, Formen, Positionierungen und Orientierungen. Weitere Zuweisung von alphanumerischen Informationen. (Bestandsdokumentation)

2.5 Kollaborationsplattform auf Basis von „big open BIM"

Die BIM-Kollaborationsplattform bzw. eine geteilte Projektdomäne für das Projektteam ist eine CDE. Es ist eine CDE zum Austauchen, Koordinieren, Verfolgen und Freigeben der relevanten Informationen auf Basis der organisatorischen Aspekte eines Projektverlaufes. Die CDE unterstützt im Idealfall den gesamten Wertschöpfungsprozess Bau vom Konzept bis zum Umbau oder Rückbau. Im Rahmen der Umfänge der verschiedenen Funktionsgrade der BIM-Kollaboration kommen verschiedene Typen zum Einsatz, vom schlichten Online-Dateiserver (z. B. Dropbox) bis hin zur open BIM-Management-Plattform (z. B. Plannerly). Im AIA oder BAP wird der CDE-Typ festgelegt, der während des Planungsprozesses zum Einsatz kommt. Spezifische verantwortliche Rollen und Tätigkeitsbereiche werden innerhalb der Plattform festgelegt.[36]

Eine Zusammenarbeit innerhalb einer CDE erfolgt nach klaren definierten Regeln und Standards. Diese werden vertraglich im BAP vereinbart und sind international in der DIN EN ISO 19650–1 sowie national in der VDI 2552 umgesetzt.[37] Einheitliche Ziele einer CDE sind u. a. die zentrale Verfügung der Informationen, die höhere Wiederverwendbarkeit, die Vermeidung von Informationsverlusten, die Zusammenführung und Archivierung von Informationen sowie der vereinfachte Informationsaustausch. Um diese Ziele zu erreichen, besitzt eine CDE Mindestanforderungen an bestimmte Arbeitsabläufe. Hier wird genau das Einpflegen von neuen Informationen vorgegeben. Parallel dazu wird dort vorgegeben, wie vorhandene Informationen überprüft, geändert, abgestimmt, genehmigt, freigegeben und archiviert werden.[38]

Innerhalb einiger Kollaborationsplattformen können manuelle (z. B. mit Plannerly) oder automatische (z. B. mit TrimbleConnect) Kollisionsprüfungen der federierten IFC-Fachmodelle vorgenommen werden. Zusätzlich können diese virtuell mithilfe einer VR-Brille und geeigneter VR-Software (z. B. ALLVR), die das genutzte Format unterstützt, durchgeführt werden. Die Kollisionen werden innerhalb der Plattform angezeigt oder können manuell markiert werden (siehe Abb. 2.3). Innerhalb des offenen BIM Standards können diese Kollisionen durch das BIM Collaboration Format (BCF) als Nachricht zwischen den verschiedenen Softwareanwendungen der Projektbeteiligten ausgetauscht werden. Dabei ist eine Übersendung des gesamten kollisionsbehafteten Fachmodells nicht notwendig. Das BCF-Format dient darüber hinaus zum vereinfachten Austausch von weiteren Informationen, z. B. Änderungen oder Vorschlägen zwischen verschiedenen Softwareprodukten und CDEs, basierend auf dem IFC-Informationsmodell.[39] Der Fachplaner, der eine Nachricht als BCF-Format über einen BCF-Manager (z. B.

---

[36] Vgl. Baldwin/e. V./AG (2018), S. 274 f.

[37] Vgl. Bundesministerium für Verkehr und digitale Infrastruktur (12/2015), S. 10.

[38] Vgl. AHO-Arbeitskreis (2019), S. 7

[39] Vgl. AHO-Arbeitskreis (2019), S. 7

BIMcollab) erhält, kann diese innerhalb seiner Planungssoftware öffnen. In dem Fachmodell werden die Kollisionen direkt an der übersendeten Stelle angezeigt die auf Richtigkeit geprüft und gegebenenfalls geändert werden sollte (siehe Abb. 2.4). Veränderungen des IFC-Fachmodells können nur von der jeweiligen Fachdisziplin genutzten Software vorgenommen und anschließend zurück ins IFC-Informationsmodell exportiert werden.[40]

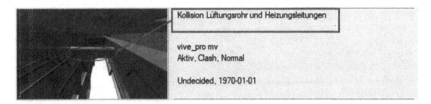

Abb. 2.3   Manuelle Markierung der Kollision innerhalb der VR-Software ALLVR; Anzeige in BIMcollab

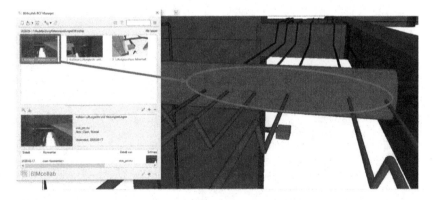

Abb. 2.4   Vergrößerung der Kollisionsstelle im Fachmodell in der Fachplanersoftware

---

[40] Vgl. Eschenbruch/Leupertz (2016), S. 99.

Strategische Implementierung der BIM-Methodik

3

BIM ist in den planenden Unternehmen der Baubranche angekommen. Jedoch ist BIM für viele beteiligte Akteure aktuell nicht ausreichend detailliert definiert und damit nicht vollumfänglich umsetzbar. Demnach setzen viele Planungsbüros nach eigenen Aussagen bereits BIM ein. Jedoch ist das angebotene Leistungsportfolio oftmals eine Mischung aus traditioneller Planungstätigkeit mit der Zuhilfenahme von Softwareprodukten, die eine Bauabwicklung nach BIM ermöglichen.

Die plattformgestützte Zusammenarbeit im Sinne der BIM-Methodik erfordert eine grundlegende Veränderung des täglichen Arbeitsprozesses von planenden Unternehmen. Parallel zur technischen Betrachtung wandelt sich auch die organisatorische Abwicklung von Projekten. Somit wird in den folgenden Abschnitten die strategische Implementierung der BIM-Methodik untersucht, um den erforderlichen Wandel von klassischer Planung hin zur plattformgestützten Zusammenarbeit im Sinne der BIM-Methodik in einem planenden Unternehmen erfolgreich durchzuführen.

3.1 Praxisbeispiel – Umfrage Wissensstand BIM-Methodik

Der Kenntnisstand der planenden Unternehmen in der technischen Gebäudeausrüstung über die BIM-Methodik ist stark heterogen. Um detaillierte Informationen über den Stand von BIM in planenden Unternehmen zu gewinnen, ist eine Umfrage in einem in der Branche seit vielen Jahren etablierten mittelständischem Planungsbüro am Niederrhein durchgeführt worden. Die Durchführung der Befragung und die Ergebnisse werden in diesem Abschnitt vorgestellt.

Schwerpunktmäßig wurden bei der Umfrage die Randbedingungen „Menschen" und „Technologien" untersucht. Diese beiden Aspekte werden detailliert im Unterabschnitt 3.2.2 anhand der Randbedingungen der Implementierungsmatrix erläutert.

Grundlage der Umfrage

Das Planungsbüro besteht aus einem rund 45-köpfigen interdisziplinären Team aus TGA-Fachplanern, Wirtschaftsingenieuren und Technikern. Zu dem Leistungsportfolio des Unternehmens gehören überwiegend Projekte aus dem öffentlichen Bereich, die sich mit der Planung der technischen Gebäudeausrüstung auseinandersetzen.

Ein Teil des Planungsbüros beschäftigt sich im Rahmen eines öffentlichen Pilotprojektes mit dem Implementierungsprozess der BIM-Methodik. Das BIM-Team besteht aus einem Projektleiter und sieben Mitarbeitern. Im Vorfeld der Umfrage hat eine betriebsinterne Besprechung mit Mitarbeitern zur Aufklärung der Umsetzung der BIM-Methodik stattgefunden.

Ein entwickelter Fragebogen ist an 45 Mitarbeiter verteilt worden. Der Fragebogen gibt Auskunft über die fachliche Kompetenz in Bezug zur BIM-Methodik der Mitarbeiter. Nachfolgend werden die aussagekräftigen Ergebnisse zum aktuellen Zeitpunkt der Umfrage (Standpunkt Oktober 2019) im Detail erläutert.

An der Umfrage haben insgesamt 21 der 45 Mitarbeiter aus unterschiedlichen Positionen teilgenommen. In Abb. 3.1 ist zu entnehmen, dass sich die Teilnehmer aus sechs Projektleitern, fünf Fachplanern, sechs Konstrukteuren, zwei Dualstudenten und zwei sonstigen Mitarbeitern zusammensetzen.

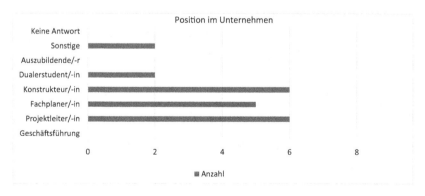

Abb. 3.1 Ergebnisse der Umfrage – Position im Unternehmen

Die Ergebnisse der Umfrage, die in Abb. 3.2 zu sehen sind, zeigen, dass sich das Unternehmen aus einem technisch ausgeglichenen Team mit jungen und älteren Mitarbeitern mit einem durchschnittlichen Alter von ca. 35 Jahren zusammensetzt. Aus Abb. 3.6 geht hervor, dass die Spanne der Planungserfahrung zwischen beruflichen Neueinsteigern und Mitarbeitern mit über 40 Jahren Berufserfahrung liegt. Folglich können die jüngeren Mitarbeiter von den älteren Mitarbeitern die fachlichen Planungskompetenzen erlernen.

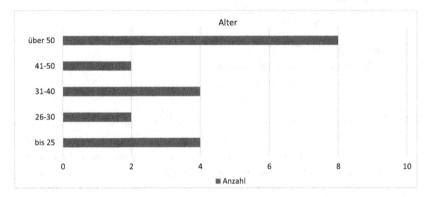

Abb. 3.2 Ergebnisse der Umfrage – Alter der Mitarbeiter

Bei den nachfolgenden Fragen sind fehlende Antworten für die Auswertung irrelevant und folglich nicht in den Ergebnissen aufgeführt.

3.1.1 Wissensstand bei der Umsetzung der BIM-Methodik

Um detaillierte Informationen zum Wissensstand und Rückschlüsse für die Umsetzung der BIM-Methodik in einem Planungsbüro allgemein und spezifisch für die Randbedingung „Menschen" zu generieren, werden nachfolgende Fragen zur Überprüfung des Wissensstands gestellt. Teilweise sind Mehrfachantworten möglich.

Was verstehen Sie unter dem Begriff BIM?

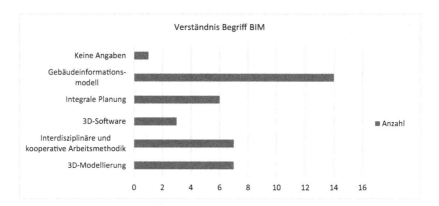

Abb. 3.3 Ergebnisse der Umfrage – Verständnis Begriff BIM

   In Abb. 3.3 ist zu sehen, dass zwei Drittel der Teilnehmer unter dem Begriff das Gebäudeinformationsmodell und ein Drittel die interdisziplinäre und kooperative Arbeitsmethodik verstehen. Daraus ist zu schließen, dass im Unternehmen der Begriff „BIM" richtig kommuniziert wird. Ein Aufklärungsbedarf besteht für drei Teilnehmer, die unter dem Begriff BIM eine 3D-Software verstehen, da BIM als Arbeitsmethodik verstanden wird, in der Prozesse revolutioniert werden.[1]

Wie haben Sie Ihr Wissen zur BIM-Methodik erlangt?
Abb. 3.4 zeigt, dass am häufigsten Wissen durch Kollegen, betriebsinterne Fortbildungen und Fachliteratur oder Online-Recherche erlangt wurde. Da der Informationsaustausch zwischen Kollegen von hoher Bedeutung für die Wissenserlangung ist, ist für eine effektive Implementierung ein gutes, kooperatives Betriebsklima mit entscheidend. Eine externe Beratung oder Fortbildung bezüglich der Umsetzung der BIM-Methodik hat zum Zeitpunkt der Umfragedurchführung noch nicht stattgefunden.

---

[1] Vgl. Borrmann u. a. (2015), S. 491.

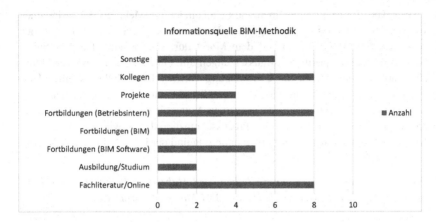

Abb. 3.4 Ergebnisse der Umfrage – Informationsquelle BIM-Methodik

Sind Sie von der BIM-Methodik überzeugt? Denken Sie, dass sich die BIM-Methodik auf dem Markt durchsetzen wird?

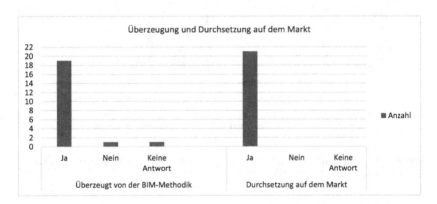

Abb. 3.5 Ergebnisse der Umfrage – Überzeugung und Durchsetzung der BIM-Methodik auf dem Markt

Der Abb. 3.5 ist zu entnehmen, dass eine eindeutige Mehrheit, 19 Teilnehmer, von der BIM-Methodik überzeugt sind. Darüber hinaus glauben 21 Teilnehmer, dass sich die BIM-Methodik auf dem Markt durchsetzen wird. Die Ergebnisse der Umfrage sind positive Voraussetzungen für eine weiterführende erfolgreiche Implementierung, da die Überzeugung von der BIM-Methodik eine ideale Grundvoraussetzung ist, um die gesetzten Visionen und Ziele zu erreichen.

Von hoher Bedeutung ist, die gesamten Mitarbeiter innerhalb des Unternehmens zu überzeugen und in die Prozesse einzubinden sowie die Ängste der Kritiker bei der schrittweisen Implementierung und der Erreichung der Ziele ernst zu nehmen.[2]

Wie viele Jahre Berufserfahrung haben Sie? Haben Sie bereits mit der BIM-Methodik gearbeitet? Wissen Sie wie die BIM-Methodik umzusetzen ist?

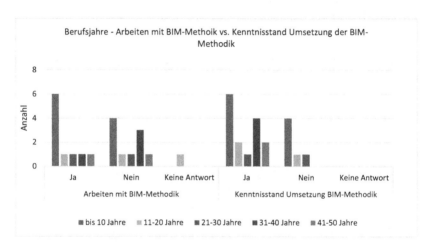

Abb. 3.6 Ergebnisse der Umfrage – Berufsjahre – Arbeiten mit BIM-Methodik vs. Kenntnisstand Umsetzung der BIM-Methodik

Abb. 3.6 zeigt die Anzahl der Berufsjahre der Teilnehmer sowie deren Erfahrungs- und Kenntnisstand bezüglich der BIM-Methodik. Die Ergebnisse der Umfrage zeigen, dass sowohl Teilnehmer mit wenigen Berufsjahren als auch Teilnehmer mit vielen Berufsjahren bereits mit der BIM-Methodik gearbeitet haben. Parallel dazu kennen diese Mitarbeiter die Umsetzung der BIM-Methodik. Es

---

[2] Vgl. Zentralverband des Deutschen Baugewerbes e. V. (2017), S. 15.

zeigt die Akzeptanz und Offenheit der Mitarbeiter, sich nach vielen Berufsjahren auf eine neue Arbeitsmethodik einzulassen. Zusätzlich besteht darin der Vorteil, dass berufserfahrene Mitarbeiter ihr fachliches Wissen in die neue Arbeitsmethodik einfließen lassen können. Dadurch erlernen die berufsunerfahrenen Mitarbeiter das Fachwissen der berufserfahrenen Mitarbeiter.

Bemerkenswert ist an dieser Stelle, dass angesichts der Anzahl der Berufsjahre (31–40 Berufsjahren) drei der Teilnehmer bisher noch nicht mit der BIM-Methodik gearbeitet haben. Diese Teilnehmer können sich jedoch die Anwendung der BIM-Methodik aufgrund ihres eigenen erworbenen Kenntnisstands theoretisch vorstellen. Es verdeutlicht die intensive Auseinandersetzung mit der Methodik, ohne bereits mit dieser gearbeitet zu haben. Positiv ist, dass die sechs Teilnehmer, die keine Erfahrung mit der Umsetzung haben, von ihren Kollegen aufgeklärt und miteingebracht werden.

Was sind die Visionen, welche Ihr Unternehmen mit der BIM-Methodik erreichen möchte?

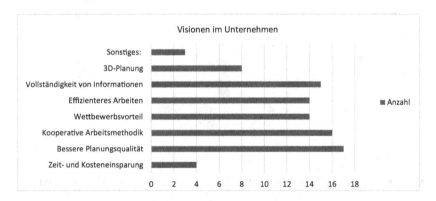

Abb. 3.7 Ergebnisse der Umfrage – Visionen im Unternehmen

19 Teilnehmer geben an, die Visionen des Unternehmens zu kennen. Die spezifisch angegebenen Visionen werden in Abb. 3.7 dargestellt. Neben der besseren Planungsqualität und der kooperativen Arbeitsmethodik zählt die Vollständigkeit von Informationen mit zu den relevantesten Visionen, die durch die Implementierung der BIM-Methodik erreicht werden sollen. Unter „Sonstiges" ist die Annahme von Aufträgen der öffentlichen Hand notiert worden. Nach

Rücksprache mit der Geschäftsführung stimmen die von den Umfrageteilnehmern angegebenen mit den tatsächlichen Visionen des Unternehmens für die nächsten 10 Jahre überin. Die Teilnehmer haben folglich von der Besprechung, die im Vorfeld der Umfrage stattgefunden hat, relevante Erkenntnisse aufgenommen. Nur vier Teilnehmer gaben an, dass die Zeit- und Kosteinsparung eine Vision des Unternehmens sei. Dieses hängt damit zusammen, dass es für die Teilnehmer sehr unrealistisch ist, denn das aktuelle Projektgeschäft stellt das Gegenteil dar. Das aktuelle Projektgeschäft ist zeit- und kostenintensiv u. a. aufgrund der nicht vorhandenen interdisziplinären kooperativen Arbeitsweise auf dem Markt und dem Fachkräftemangel.

Sind Sie motiviert sich mit dem Thema BIM weitergehend auseinanderzusetzen?

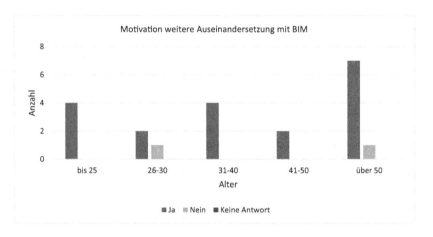

Abb. 3.8 Ergebnisse der Umfrage – Motivation weitere Auseinandersetzung mit BIM

Aus Abb. 3.8 lässt sich schließen, dass 90 % der Teilnehmer motiviert sind, sich weitergehend mit der BIM-Methodik oder dem Thema BIM zu beschäftigen. Hervorzuheben ist, dass bei den über 50-jährigen Teilnehmern, bis auf eine Person, die Motivation vorhanden ist, sich weiter mit der neuen kooperativen Arbeitsmethodik zu beschäftigen. Gerade bei dieser Altersgruppe fehlt in der Regel der Ansporn, sich auf eine neue Arbeitsmethodik einzulassen.

Im Gegensatz dazu besteht die Annahme, dass die jüngeren Generationen offen gegenüber neuen Arbeitsmethoden sind. Allerdings geht aus der Umfrage hervor, dass ein Teilnehmer der 26–30-jährigen keine Motivation hat, sich weiter mit der BIM-Methodik auseinanderzusetzen. Wichtig ist, dass besonders jüngere Mitarbeiter die BIM-Methodik erlernen wollen, da diese die Zukunft des Unternehmens sind. Trotz der fehlenden Motivation der zwei Mitarbeiter, sind in dem Unternehmen sehr gute Voraussetzungen für eine erfolgreiche weiterführende Implementierung der BIM-Methodik durch die motivierten Mitarbeiter vorhanden.

3.1.2 Anwendung der Software Revit

Um detaillierte Informationen zum Wissensstand und Rückschlüsse für die Anwendung der Software im Sinne der BIM-Methodik allgemein und für die Randbedingung „Technologien" zu generieren, werden nachfolgende Fragen zur Anwendung und zu den Vorteilen der BIM fähigen Software Revit gestellt. Revit ist im Unternehmen durch eine Softwareschulung implementiert worden.

Arbeiten Sie mit der Software Revit? Wenn „JA" sehen Sie positive Aspekte durch die Software Revit?

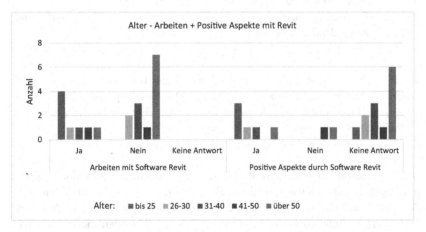

Abb. 3.9 Ergebnisse der Umfrage – Alter – Arbeiten + Positive Aspekte mit Software Revit

In Abb. 3.9 ist zu sehen, dass von den 21 Teilnehmern bereits 8 Mitarbeiter die Software Revit im Rahmen der Projektbearbeitung nutzen. Hervorzuheben ist, dass sechs der bis 40-jährigen und zwei der ab 40-jährigen mit der Software Revit arbeiten. Dahingegen arbeiten fünf der bis 40-jährigen und acht der ab 40-jährigen nicht mit der Software Revit. Dieses Ergebnis könnte daran liegen, dass die jüngeren Generationen schon während der schulischen Ausbildung mit der Software in Kontakt gekommen sind. Für die Zukunft eines Unternehmens ist es von Notwendigkeit, dass sich die Generationen gegenseitig bei Anwendung der Software unterstützen.

Bemerkbar ist, dass drei der bis 40-jährigen Teilnehmer und einer der über 50-jährigen positive Aspekte sowie zwei der ab 40-jährigen negative Aspekte durch die Software Revit sehen. Demzufolge sieht die ältere Generation positive Potentiale in der Software.

Folgende Erkenntnisse haben sich während der Arbeit mit Revit ergeben. Die Erkenntnisse sollten von den Teilnehmern frei formuliert werden und sind nachfolgend aufgeführt:

– *„Dadurch, dass alle Planungsbeteiligte an einem Modell arbeiten gibt es weniger Kollisionen und man hat einen ständigen Zugriff auf alle Informationen im Projekt. Die Informationen sind immer aktuell. "*
– *„Praxisnahes Konstruieren und schnelle Kollisionsfindung. "*
– *„Ruckelfreies Arbeiten in größeren Modellen, detaillierteres Planen und zusammen in einem Modell arbeiten. "*
– *„Hoher Verbreitungsgrad, sehr kompatibel zu weiteren Tools und Softwareprodukten. "*
– *„Einer der wesentlichen positiven Aspekte ist die Vereinheitlichung von Konstruktion, Berechnung und Ausschreibung. Des Weiteren sehe ich es als sehr großen Vorteil, dass wir nun Konstruieren/Modellieren wie auch später auf der Baustelle gebaut wird. "*
– *„Einfache Kollisionsprüfung; praxisnahes Konstruieren. "*

Bei der Arbeit mit der Software Revit wird primär die Kollisionsprüfung und das praxisnahe Konstruieren als positiv erachtet. Anhand der Aspekte ist die intensive Auseinandersetzung mit der Software und die daraus resultierenden Mehrwerte (z. B. zentrale Informationen, gemeinschaftliches und standardisiertes Arbeiten) zu erkennen. Die Erkenntnisse der Mehrwerte sind eine gute Basis für den weiterführenden Implementierungsprozess der BIM-Methodik im Unternehmen.

Sehen Sie den Umstieg Ihrer bisherigen CAD Software auf Revit als sinnvoll an?

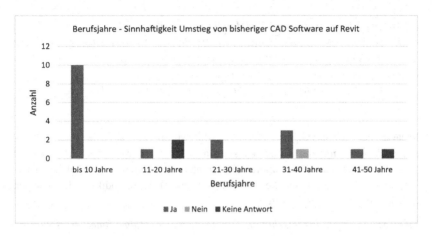

Abb. 3.10 Ergebnisse der Umfrage – Berufsjahre – Sinnhaftigkeit Umstieg von bisheriger CAD Software auf Revit

Abb. 3.10 stellt die Ergebnisse zu der Frage dar, ob ein Umstieg auf Revit sinnvoll war. Rund 81 % der gesamten Teilnehmer sehen den Umstieg von der bisherigen CAD Software AutoCAD MEP auf Revit als vernünftig an. Lediglich ein Teilnehmer mit 31–40 Berufsjahren ist kritisch gegenüber dem Umstieg auf Revit. An dieser Stelle ist deutlich hervorzuheben, dass alle Mitarbeiter mit vielen Berufsjahren den Umstieg als sinnvoll ansehen. Dadurch fließt fachliche Kompetenz mit in den Umstieg ein und die Praxistauglichkeit und das Qualitätsmanagement wird durch die reichliche Berufserfahrung verstärkt geprüft.

Die Teilnehmer haben die Sinnhaftigkeit des Umstieges folgendermaßen begründet:

– *„Vorteil: Verknüpfung von Zeichnungen (Model) mit Berechnungsprogrammen und Ausschreibungsprogramm.“*
– *„Beim Arbeiten mit der bisherigen CAD Software kommt es häufig vor, dass man unwissentlich veraltete Pläne/Informationen nutzt da diese ständig manuell nachgepflegt werden müssen, in der CAD Software als auch in Berechnungen und LVs.“*
– *„Aufgrund von überwiegenden positiven Aspekten und zukunftsorientierter Arbeit.“*

- *„Leicht erlernbar in der Anwendung, starker Softwarehersteller."*
- *„Revit ist meines Erachtens deutlich bedienerfreundlicher, sowie ausfallsicherer."*
- *„Mit der jetzigen Software ist BIM nicht realisierbar."*
- *„Es stellt sich die Frage, ob auch kleinere Projekt mit Revit sinnvoll sind oder ob MEP hierfür auch ausreichend und effektiv ist."*
- *„Bessere Darstellung und somit korrekteres Arbeiten."*
- *„Bessere Koordination, Schnitte lassen sich regenerieren, schnelleres arbeiten mit weniger Fehlerquellen."*

Es lässt sich schlussfolgern, dass sich die Mitarbeiter auf die Prozessänderung und den damit verbunden Umstieg auf die Software Revit einlassen und diese aktiv mitgestalten. Zusätzlich sind anhand der notierten Sinnhaftigkeit die Mehrwerte, die sich durch die Anwendung der BIM-Methodik (z. B. weniger Kollisionen) ergeben, zu erkennen.

Haben Sie an den Softwareschulungen teilgenommen? Haben Ihnen die Softwareschulungen beim Umgang mit Revit geholfen?

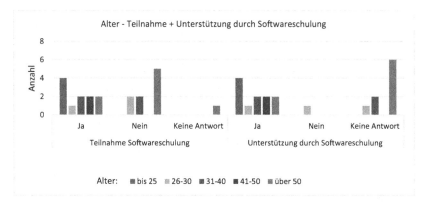

Abb. 3.11 Ergebnisse der Umfrage – Alter – Teilnahme + Unterstützung durch Softwareschulung

Damit ein Rückschluss auf die Notwendigkeit der Softwareschulung Revit im Unternehmen gezogen werden kann, sind die Teilnahme und die Unterstützung hinterfragt worden. Abb. 3.11 zeigt, dass an der Softwareschulung neun der 21 Befragten teilgenommen haben. Die gesamten Schulungsteilnehmer gaben an, dass die Softwareschulung ihnen beim Umgang mit Revit geholfen hat.

Es ist hervorzuheben, dass zwei der über 40-jährigen an der Softwareschulung teilgenommen haben, die nicht mit der Software Revit arbeiten. Daraus erschließt sich, dass ältere Mitarbeiter offen gegenüber dem Erlernen einer neuen Software sind, um mit dieser zukünftige Projekte bearbeiten zu können.

Fühlen Sie sich sicher im Umgang mit Revit? Wünschen Sie sich weitere Revit-Schulungen?

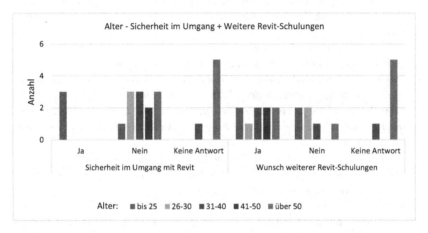

Abb. 3.12 Ergebnisse der Umfrage – Alter – Sicherheit im Umgang + Weitere Revit-Schulungen

Für die weitere strategische Implementierung der BIM-Methodik im Unternehmen werden Fragen zur Sicherheit im Umgang und der Wunsch für weitere Revit-Schulungen gestellt.

Abb. 3.12 zeigt, dass lediglich drei Mitarbeiter der bis 25-jährigen sich im Umgang mit der Software Revit sicher fühlen, wohingegen die restlichen Teilnehmer das Gegenteil angeben. In diesem Zusammenhang wünschen sich die meisten Teilnehmer der Softwareschulung, bis auf zwei der bis 25-jährigen, weitere Softwareschulungen für einen sicheren Umgang mit Revit. Es zeigt die Unsicherheit der Teilnehmer bezüglich der Software Revit, aber auch den Ehrgeiz für einen quantitativen und fehlerfreien Umgang.

Es ist zu erwähnen, dass die ab 40-jährigen weitere Softwareschulungen wünschen. Mit dem Ergebnis wird die Motivation der älteren Mitarbeiter, sich mit einer neuen Software und der BIM-Methodik auseinanderzusetzen, dargestellt.

Freie Anmerkungen zur Anwendung der BIM-Methodik
Am Ende der Umfrage wurde den Teilnehmer die Möglichkeit gegeben, freie
Anmerkungen zu formulieren, die zur Schlussfolgerung der Anwendung der
BIM-Methodik im Unternehmen dienen.
Die Teilnehmer haben folgende Anmerkungen notiert:

– *„Die Revit- Schulung ist vor 9 Monaten gewesen. In den ersten 3 Monaten
wurde minimal mit dem Programm gearbeitet, seit 6 Monaten gar nicht mehr.
Eine Auffrischung des Schulungsinhaltes ist wünschenswert (auch bürointern
möglich)."*
– *„Wegen völlig neuem Ansatz der Arbeit muss ein gewisses Umdenken erfolgen,
deshalb sehe ich in unserem Team doch noch Ausbaupotenzial."*
– *„Meiner Meinung nach gehört dem BIM Arbeitsprozess die Zukunft, wie man es
ja auch am Beispiel vieler anderer Länder sehen kann."*
– *„Der Weg zum BIM ist ein riesiger Schritt, welchen wir langsam umsetzen müssen. Revit ist ein sehr umfangreiches Programm, welches wir noch zu beherrschen
lernen müssen."*
– *„Durch den nicht bestehenden Gebrauch von Revit nach der Schulung, sind die
Informationen in Vergessenheit geraten. Ich informiere mich gerne noch einmal
über die Revitschulung, die Online abgelegt ist."*

Zusammenfassend ist anhand der Anmerkungen zu erkennen, dass mit der Anwendung der BIM-Methodik ein schrittweises Umdenken und ein Wandel bei den
Arbeitsprozessen verbunden ist. Parallel dazu, sind das kontinuierliche Arbeiten und
die Weiterbildung (z. B. Software) mit der BIM-Methodik von Relevanz. Dadurch
können die vorhandenen Unsicherheiten in Bezug zur Anwendung der Software
behoben werden.

3.1.3 Fazit

Die Ergebnisse zeigen, dass die Mitarbeiter aller Generationen motiviert sind, sich
mit der neuen Methodik auseinanderzusetzen. Hervorzuheben ist, dass gerade die
ältere Generation mit vielen Berufsjahren sich auf eine neue kooperative Arbeitsmethodik einlässt. Dadurch kann das fachliche Wissen der älteren Generation
mit in die neuen Arbeitsprozesse einfließen. Ebenfalls zeigt die ältere Generation
Offenheit und Akzeptanz gegenüber der neuen Methodik.

Einhergehend von einer unterschiedlichen Betrachtungsweise wird der Begriff der BIM-Methodik zusammengefasst im Unternehmen richtig kommuniziert. Parallel dazu erfolgt die Auseinandersetzung, ohne bereits damit gearbeitet zu haben über verschiedene Komponenten (z. B. Fachliteratur, Projekte, interne Fortbildungen). Zusätzlich kennen die Mitarbeiter die Visionen des Unternehmens. Der Mehrwert oder die Vision der Zeit- und Kosteneinsparung wurde nur von vier Teilnehmern genannt. Ein Grund dafür könnte sein, dass das Projektgeschäft aktuelle sehr zeit- und kostenintensive Projektgeschäft sein.

Der Umstieg von der CAD Software AutoCAD MEP auf Revit wird von ca. 81 % der Teilnehmer als sinnvoll angesehen. Es arbeitet vermehrt die jüngere Generation mit der Software Revit. Hingegen zeigen die Ergebnisse, dass die ältere Generation sich auf die Arbeit mit der Software einlassen würde.

Grundsätzlich ist aus den Ergebnissen zu schließen, dass noch eine große Unsicherheit im Umgang mit der Software Revit herrscht und die Mitarbeiter sich weitere interne Schulungen wünschen, um qualitativ mit Revit arbeiten zu können. Relevant ist, dass die Mitarbeiter kontinuierlich mit der Software arbeiten u. a zur qualitativen Projektabwicklung. Aus wirtschaftlicher Sicht wäre es ineffizient, dass Mitarbeiter erst in der Projektabwicklung die Software Revit erlernen.

Zusammenfassend bestätigen die Ergebnisse die aktuelle heterogene Marktsituation bezüglich des Wissensstandes und der Umsetzung der BIM-Methodik.[3] Demnach herrscht eine allgemeine Unsicherheit bei der effektiven Implementierung und Umsetzung der BIM-Methodik, aufgrund von fehlenden detaillierten BIM-Standards. Somit ist für einen erfolgreichen Wandel von der klassischen Planung hin zur plattformgestützten Zusammenarbeit im Sinne der BIM-Methodik ein strategisches Implementierungskonzept mit standardisierten Prozessen in einem Planungsbüro unabdingbar.

Ein beispielhafter Leitfaden zur Erstellung eines strategischen Implementierungskonzeptes wird im folgenden Abschnitt vorgestellt.

3.2 Schaubild – Leitfaden Implementierungsprozess

Nachfolgend wird ein beispielhafter Leitfaden zur Unterstützung, Entwicklung und Nachvollziehbarkeit des strategischen Implementierungsprozesses in einem planenden Unternehmen vorgestellt, um den erforderlichen Wandel von der klassischen Planung hin zur plattformgestützten Zusammenarbeit im Sinne der BIM-Methodik erfolgreich durchzuführen.

---

[3] Vgl. Dr. Wieselhuber & Partner GmbH (08/2018), S. 7 f.

Für eine effektive Implementierung der BIM-Methodik in einem Unternehmen ist es relevant, als ersten Schritt ein Implementierungskonzept zu entwickeln.[4] Bevor die Durchführung von BIM-Projekten aufgenommen wird, sollten die Mitarbeiter bereits in der Lage sein, die Anforderungen verstehen und umsetzen zu können.[5]

Unter der strategischen Implementierung wird die Einführung der BIM-Methodik in einem Unternehmen auf der Grundlage eines ganzheitlichen BIM-Implementierungsplans und -konzeptes anhand des Schaubildes mit integrierter BIM-Implementierungsmatrix mittels einer mehrstufigen Vorgehensweise und ausgehend von den Einflüssen zur Implementierung verstanden (siehe Abb. 3.13).[6] Das dargestellte Schaubild mit integrierter BIM-Implementierungsmatrix besteht zusätzlich aus den Komponenten Einflüsse zur Implementierung der BIM-Methodik und dem Qualitätsmanagement der Projektabwicklung. Es ist ein Leitfaden zur Unterstützung, Entwicklung und Nachvollziehbarkeit des strategischen Implementierungsprozesses in einem Unternehmen.

Der Implementierungsprozess der BIM-Methodik ist ein langfristiger und investitionsintensiver Optimierungs- und Digitalisierungsprozess der kleinen stufenweisen Schritte von der strategischen Zielsetzung bis zur operativen standardisierten Projektabwicklung. Demnach ist die Implementierung der BIM-Methodik eine Managemententscheidung mit dem Fokus der langfristigen Positionierung im Rahmen des Geschäftsumfelds und der digitalen Transformation.[7,8]

Mit der integrierten BIM-Implementierungsmatrix lassen sich die Punkte identifizieren, die für einen Implementierungsprozess benötigt werden. Auf der Plattform (z. B. Plannerly) können die Strategien visuell, transparent und nachvollziehbar dargestellt werden. Dadurch können die gesetzten Unternehmensvisionen und -ziele schrittweise und effizient erreicht werden. Die Punkte der Matrix können in einer unternehmensspezifischen Flexibilität und Gewichtung festgelegt werden. Primäre Gewichtungen sind in der Matrix in der Abb. 3.13 fett hinterlegt.

Im Folgenden werden die Komponenten des Schaubilds mit integrierter BIM-Implementierungsmatrix für Unternehmen aus Abb. 3.13 näher beschrieben. Diese sind für eine erfolgreiche strategische Implementierung relevant und zu berücksichtigen.

---

[4] Vgl. Baldwin/e. V./AG (2018), S. 137.
[5] Vgl. Przybylo (2015), S. 11.
[6] Vgl. AHO-Arbeitskreis (2019), S. 8
[7] Vgl. Zentralverband des Deutschen Baugewerbes e. V. (2017), S. 10.
[8] Vgl. VDI 2552 Blatt 1 (2020), S. 42.

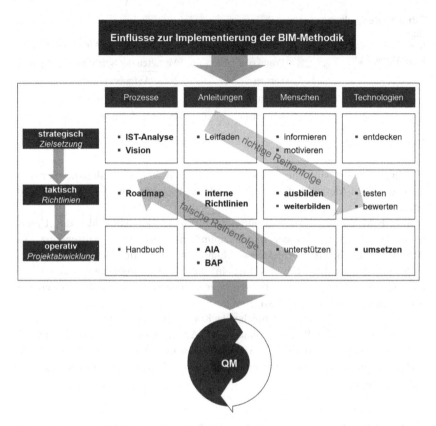

Abb. 3.13 Schaubild mit integrierter BIM-Implementierungsmatrix für Unternehmen[9]

3.2.1 Einflüsse zur Implementierung der BIM-Methodik

In einem Unternehmen beeinflussen externe und interne Einflüsse die Entscheidung zur Implementierung der BIM-Methodik. Die Wichtigsten werden in der nachfolgenden Tab. 3.1 aufgelistet.

---

[9] Eigene Darstellung in Anlehnung an Baldwin/e. V./AG (2018), S. 122.

Tab. 3.1 Beispielhafte Einflüsse zur Implementierung der BIM-Methodik[10]

Externe Einflüsse	Interne Einflüsse
Politische Vorgaben	Optimierung der Arbeitsabläufe
Projektvorgaben	Vertiefen der Softwarekenntnisse
Partner	Neue Aufgabenfelder
Konkurrenz	Bindung der Mitarbeiter
Marketing	Positive Kommunikationskultur
…	…

Am trivialsten sind die nationalen politischen Vorgaben, die die Verwendung der BIM-Methodik für neue öffentliche Projekte seit 2020 verpflichtend vorschreiben.

Die BIM-Methodik ist sehr attraktiv für neue Geschäftsfelder des Unternehmens. Mit dem Ziel der interdisziplinären kooperativen Anwendung der BIM-Methodik bei der Projektabwicklung profitieren alle Bereiche der Baubranche von der BIM-Entwicklung. In diesem Zusammenhang werden die ineffektiven gegenwärtigen Verfahrensweisen unterbunden und die Umsetzung der Projektabwicklung ist effektiver.

Unternehmen, die eine entsprechende Kompetenz im Sinne der Anwendung der BIM-Methodik aufbauen, können dem Auftraggeber große Vorteile anbieten und Qualifikationen vorweisen. Aus diesem Grund haben die Unternehmen große Vorteile bei Ausschreibungen und können sich positiv von der Konkurrenz differenzieren.[11]

3.2.2 Randbedingungen der Implementierung

In Abb. 3.13 ist die Implementierungsmatrix in dem Schaubild integriert. Der Erfolg des Implementierungsprozesses der BIM-Methodik in einem Unternehmen hängt im Wesentlichen von der Abstimmung und der agilen Workflowkompatibilität der vier Randbedingungen Prozesse, Anleitungen, Menschen und Technologien sowie deren Umsetzungsebenen ab.

Relevant ist die richtige Reihenfolge der vier Implementierungsrandbedingungen Prozesse, Anleitungen, Menschen und Technologien. In Anlehnung an die Implementierungsmatrix werden die Umsetzungsebenen von links oben nach

---

[10] In Anlehnung an Egger, Martin/Hausknecht, Kerstin/ Liebich, Thomas (2013), S. 25.

[11] Vgl. Egger, Martin/Hausknecht, Kerstin/Liebich, Thomas (2013), S. 25.

rechts unten stufenweise durchlaufen. Auf der strategischen Ebene liegt der Fokus auf den Zielsetzungen des Managements. Folglich werden auf der taktischen Ebene Mittel theoretisch entwickelt, um die Ziele erreichen zu können. Schließlich werden die Mittel auf der operativen Ebene bei der Projektabwicklung praktisch angewendet.[12]

Generell ist es notwendig, die BIM-Methodik langfristig zu fördern, denn dadurch ist eine effiziente, nachhaltige Anwendung und Nutzung der BIM-Methodik möglich.[13] Demnach wird bei jetziger Umsetzung der Mehrwert des Implementierungsprozesses erst in einigen Jahren in der Baubranche sichtbar sein.[14]

3.2.2.1 Prozesse

Die Prozesse sind eine relevant zu berücksichtigende Randbedingung bei der Implementierung der BIM-Methodik. Abb. 3.14 beschreibt die Schritte der Management- und Steuerungsprozesse inklusive der berücksichtigten Implementierungsprozesspunkte, von der strategischen bis zur operativen Ebene. Beispielhafte Arbeitsprozessänderungen (z. B. Planung), die mit der BIM-Methodik einhergehenden sind im rechten blauen Kasten dargestellt.

Bei den ersten Schritten der Implementierung ist eine Bestandsanalyse vorhandener Prozesse orientierend an der Umfrage im Abschnitt 3.1 relevant.

Die Ist-Analyse (Bestandsanalyse) beschäftigt sich mit folgenden Fragestellungen:

– Wer sind die Kunden und was sind ihre Bedürfnisse?
– Wer ist die Konkurrenz? Wo liegen ihre Stärken bzw. Schwächen?
– Wie sind die unternehmerischen Abläufe?
– Ist die Organisationsstruktur dazu befähigt, die BIM-Methodik umzusetzen?[15]

Mit der Beantwortung der Fragen werden die zu entwickelnden Visionen und Ziele unterstützt. Diese und deren Erreichung, z. B. mit der Unterstützung der BIM-Management-Plattform Plannerly, werden auf der strategischen Ebene in einem Visionsdokument (Leitfaden) festgehalten.

---

[12] Vgl. Przybylo (2015), S. 16.

[13] Vgl. Egger, Martin/Hausknecht, Kerstin/Liebich, Thomas (2013), S. 21.

[14] Vgl. Dr. Wieselhuber & Partner GmbH (08/2018), S. 3

[15] Vgl. Zentralverband des Deutschen Baugewerbes e. V. (2017), S. 13.

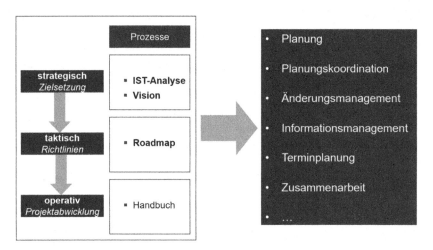

Abb. 3.14 Randbedingung Prozesse[16]

Das Visionsdokument wird auf der taktischen Ebene zu einer Roadmap (interne BIM-Strategie) mit den Teilzielen und den genauen schrittweisen Prozessen weiterentwickelt.

Zur Entwicklung dienen folgende Fragen:

– Was sind die Ziele? – Zielsetzungen
– Was ist das strategische Fernziel? – Weitsicht
  o Wie ist die Umsetzung der Arbeit in 10 Jahren?
  o Wie sieht der Markt in Zukunft aus?
  o Wer sind die zukünftigen Kunden?
  o Warum ist es lohnenswert, die Mitarbeiter zu fördern?
– Warum werden diese Ziele gesetzt – worin besteht die Motivation? – Bedarfsanalyse
– Wie bzw. womit werden diese Ziele erreicht? – Vorgehensweise[17]

Zur Definition des angestrebten Gesamtziels sind die Meilensteine mit den Zeitvorgaben, dem Budget und den Verantwortlichkeiten zu berücksichtigen. Auf der operativen Ebene wird aus der Roadmap ein Handbuch oder ein

---

[16] Eigene Darstellung in Anlehnung an Baldwin/e. V./AG (2018), S. 122.
[17] Vgl. Zentralverband des Deutschen Baugewerbes e. V. (2017), S. 16.

BIM-Implementierungsplan mit den internen Geschäftsprozessen zur Projektabwicklung erstellt.[18]

Je Projektabwicklung soll das Handbuch auf Basis der internen Geschäftsprozesse erweitert werden. Zusätzlich sollen die Ziele, Pläne und Erkenntnisse die sich aus dem Implementierungsprozess ergeben, schriftlich dokumentiert werden.[19] Parallel dazu können die Geschäftsprozesse in den internen Richtlinien aktualisiert werden, die wiederum in dem BAP integriert werden.

3.2.2.2 Anleitungen

Weiter zu berücksichtigen ist die Randbedingung Anleitungen in Abb. 3.15 dargestellt. Um die gesetzten Visionen und Ziele zu erreichen, muss der Implementierungsprozess von der strategischen bis zur operativen Ebene durch die Anleitungen unterstützt werden. Die Anleitungen beinhalten u. a. die Definition der gemeinsamen Ziele und die Regeln zur Erreichung dieser. Zusätzlich geben die Anleitungen den Rahmen und die Struktur für die kooperative Zusammenarbeit im Sinne der BIM-Methodik vor.

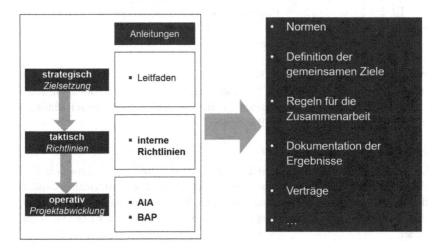

Abb. 3.15 Randbedingung Anleitungen[20]

---

[18] Vgl. Baldwin/e. V./AG (2018), S. 122 ff.

[19] Vgl. VDI 2552 Blatt 1 (2020), S. 42.

[20] Eigene Darstellung in Anlehnung an Baldwin/e. V./AG (2018), S. 122.

Die Anleitungspunkte, die den Implementierungsprozess effektiv unterstützen und in die Anleitungserstellung z. B. interne Richtlinie mit integriert werden, sind im rechten blauen Kasten erläutert. Beispielsweise gehören dazu eine Definition der gemeinsamen Ziele und Regeln für die Zusammenarbeit.

In einem Visionsdokument (Leitfaden) auf der strategischen Ebene werden die Visionen, die Ziele und die Motivation zum Einsatz der Implementierung der BIM-Methodik definiert.

Auf der taktischen Ebene wird das Visionsdokument zu internen Richtlinien innerhalb eines eigenständigen Dokumentes weiterentwickelt. Hier werden die Schritte der zu implementierenden Standards, Prozesse und Technologien definiert und erläutern somit die BIM-Strategie.[21] Dabei sollen sich die interne Richtlinien an die anerkannten Regelwerke halten und zudem an den bestmöglichen Verfahren und Baustandards orientieren.[22]

Anerkannte Regelwerke und bestmögliche Verfahren der BIM-Methodik sind folgende:

- DIN EN ISO 19650 – Informationsmanagement mit BIM
- VDI 2552 – Building Information Modeling
- AIA – Auftraggeber-Informationsanforderungen
- BAP – BIM-Abwicklungsplan

Auf der operativen Ebene sind für jedes Projekt und mit allen Projektbeteiligten individuell u. a. Zuständigkeiten, Haftung, Versicherungen und Informationstiefen zu klären und vertraglich festzuhalten. Ergänzend werden die internen Richtlinien individuell je Projekt in den BAP integriert.

DIN EN ISO 19650
Die DIN EN ISO 19650 „Organisation und Digitalisierung von Informationen zu Bauwerken und Ingenieurleistungen, einschließlich Bauwerksinformationsmodellierung (BIM) – Informationsmanagement mit BIM" ist eine internationale Norm, die die Grundlage für Normen und Richtlinien zur Anwendung der BIM-Methodik bildet.

---

[21] Vgl. Baldwin/e. V./AG (2018), S. 129.
[22] Vgl. Baldwin/e. V./AG (2018), S. 120.

Ein Beispiel ist die nationale VDI 2552.[23] Die DIN EN ISO 19650 setzt sich aus zwei Teilen zusammen:

- Teil 1: „Begriffe und Grundsätze",[24]
- Teil 2: „Planungs-, Bau- und Inbetriebnahmephase".[25]

Als technische Regelung erläutert die Norm die Übergabe und den Austausch von Informationen, deren Status und die Archivierungspflichten für den gesamten Lebenszyklus des Bauwerkes.

VDI 2552
Die Richtlinienreihe VDI 2552 „Building Information Modeling" Blatt 1 bis Blatt 11 definiert einen Ansatz für die Implementierung der BIM-Methodik in die Prozesse des Planens, Bauens und Betreibens. Zusätzlich erläutert die Richtlinie die bereits international bewährten Regeln der Technik, Erfahrungen und Entwicklungen bei der Anwendung von BIM.[26] Die Blätter 2, 6, 8.2, 9, 10 und 11 existieren noch nicht im Weißdruck, da sich diese noch im Entwurf- oder Projektstatus befinden.[27]

AIA
Der AIA bildet die Grundlage für den durch den Auftraggeber und Auftragnehmer zu erarbeitenden BAP. In dem AIA definiert der Auftraggeber die verfolgten Ziele, die Lieferleistungen und die BIM-Anwendungen mit Informationen zur Abwicklungsdefinition, Honorarfindung und Rahmenbedingungen.[28] Der AIA erläutert zudem die Anforderungen, die der Auftragnehmer unter Verwendung der BIM-Methodik zu berücksichtigen hat. Der AIA ist Bestandteil der Ausschreibung und bildet eine werkvertragliche Grundlage zur Erbringung des mangelfreien Werkerfolges.[29]

BAP
Aufbauend auf dem AIA definiert der BAP die Prozesse der Zusammenarbeit, die Umsetzungsschritte zur Erreichung der Ziele und BIM-Anwendungen mit den

---

[23] Vgl. AHO-Arbeitskreis (2019), S. 5
[24] DIN EN ISO 19650–1 (2019), S. 1
[25] DIN EN ISO 19650–2 (2019), S. 1
[26] Vgl. VDI 2552 Blatt 1 (2020), S. 2
[27] Vgl. VDI (10.11.2020).
[28] Vgl. Arbeitskreis BIM, AG BIM-Leitfaden (09/2016), S. 9
[29] Vgl. Bundesministerium für Verkehr und digitale Infrastruktur (05/2019), S. 6

spezifischen Lieferleistungen.[30] Primär ist der BAP eine Vorgabedokument zur Koordination und Kontrolle der Zusammenarbeit zwischen den vertraglichen Projektbeteiligten.[31] Bei der Erstellung des BAPs wirkt jeder Projektbeteiligte (auftragnehmerseitig) mit und ist folglich ein zentraler Bestandteil des Projekthandbuches und der Ingenieurverträge. Im BAP sind kollaborative Arbeitsregeln zwischen Auftraggeber und Auftragnehmer definiert. Während des Projektabwicklungsprozesses wird der BAP kontinuierlich überarbeitet und angepasst.

3.2.2.3 Menschen

Die wichtigste Randbedingung für den Erfolg der BIM-Methodik bleibt der Mensch.[32] Daraus ergibt sich, dass die Qualität der angewandten BIM-Methodik abhängig von allen Beteiligten des Bauprojekts ist.[33] Wesentliche Kriterien sind die intensive Auseinandersetzung und Identifikation jedes einzelnen Mitarbeiters mit der BIM-Methodik innerhalb des Unternehmens. Diese wird durch die Erkenntnisse der Umfrage im Abschnitt 3.1 belegt.

Voraussetzungen für eine erfolgreiche Implementierung ist die Bereitschaft der Mitarbeiter für Veränderungen und das Hinterfragen gewohnter Prozesse sowie Strukturen. Die Mitarbeiter sollen die Implementierung aktiv mitgestalten, sodass diese die BIM-Methodik verinnerlichen und effektiv anwenden können.

Mit dem Implementierungsprozess wird ein kontinuierliches, agiles, diszipliniertes und strukturiertes Arbeiten von den Mitarbeitern gefordert. Zusätzlich ist ein höheres Fachwissen bei gleichzeitig höherer Aufgeschlossenheit gegenüber neuer Technik relevant.[34] Im Vordergrund steht, dass die Unternehmensstrategie und -vision für die Mitarbeiter jederzeit transparent ist. Dadurch sind die Mitarbeiter in der Lage die aus dem Implementierungsprozess resultierenden Anforderungen zu akzeptieren und umzusetzen.[35]

Mitarbeiter werden auf neue Herausforderungen stoßen. Möglicherweise kann aufgrund dessen eine Abwehrhaltung oder eine Skepsis gegenüber der BIM-Methodik entstehen. Daher ist eine effektive Mitarbeitermotivation und -führung primär bei älteren Mitarbeitern und BIM-Skeptikern relevant.

---

[30] Vgl. Arbeitskreis BIM, AG BIM-Leitfaden (09/2016), S. 9

[31] Vgl. Bundesministerium für Verkehr und digitale Infrastruktur (04/2019), S. 10 f.

[32] Vgl. Pilling (2019), S. 77.

[33] Vgl. Arbeitskreis BIM, AG BIM-Leitfaden (09/2016), S. 3

[34] Vgl. Egger, Martin/Hausknecht, Kerstin/ Liebich, Thomas (2013), S. 22.

[35] Vgl. VDI 2552 Blatt 1 (2020), S. 42.

In Abb. 3.16 ist die Randbedingung „Menschen" von der strategischen bis zur operativen Ebene dargestellt. Die Basis für eine effektive Implementierung bilden die Eigenschaften und Komponenten, die im rechten blauen Kasten erläutert sind.

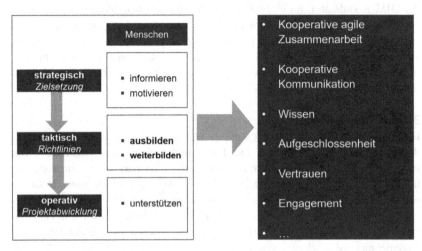

Abb. 3.16 Randbedingung Menschen[36]

Auf der strategischen Ebene ist es relevant, dass die Mitarbeiter auf Basis der Visionen und Ziele über das Vorhaben des Implementierungsprozesses informiert werden. Gleichzeitig ist es wichtig, die Mitarbeiter zu motivieren und Vertrauen zu schaffen.

In Anlehnung an die internen Richtlinien und der Roadmap ist es auf der taktischen Ebene notwendig, alle Mitarbeiter entsprechend stufenweise zu schulen und weiterzubilden. Dazu zählen u. a. Softwareschulungen, die Belehrung von Regeln der internen und externen Zusammenarbeit sowie die Einführung in AIA, BAP, Standards und Normen. Um das Wissen der BIM-Methodik ins Unternehmen zu integrieren, ist die Qualifizierung der Mitarbeiter z. B. durch das VDI 2552 8.1 Zertifikat notwendig. Eine weitere Möglichkeit ist, bereits geschulte oder erfahrene Mitarbeiter einzustellen oder externe BIM-Berater zu engagieren.[37]

---

[36] Eigene Darstellung in Anlehnung an Baldwin/e. V./AG (2018), S. 122.

[37] Vgl. Zentralverband des Deutschen Baugewerbes e. V. (2017), S. 19.

Auf der operativen Ebene sollen die Mitarbeiter kontinuierlich z. B. je Projekt weitergebildet werden. Parallel dazu ist eine Weiterbildung während der stufenweise Projektabwicklung relevant. Zusätzlich sollten die Mitarbeiter die verschiedenen Rollen und Verantwortung, z. B. den BIM-Gesamtkoordinator oder den BIM-Koordinator, für einen effektive Zusammenarbeit kennen.

Der BIM-Koordinator (Informationskoordinator) ist im Rahmen der Wertschöpfungskette Bau für die operative Umsetzung der BIM-Ziele gemäß dem AIA verantwortlich. Damit ist beispielsweise die Koordination der Fachplaner mit den zur erstellenden Lieferleistungen oder die Freigabe der Fachmodelle in projektspezifischen Intervallen gemeint.[38]

3.2.2.4 Technologien

Die Randbedingung „Technologien" ist ebenfalls ein wichtiger Hauptaspekt des Implementierungsprozesses. Die Hard- und Software zur Ausführung der BIM-Methodik muss u. a. aufgrund der höheren Informationsmengen leistungsfähiger sein als im reinen 2D-Bereich. Bei der Technologieauswahl ist zu berücksichtigen, dass neben eigenen unternehmerischen Prozessen auch interoperable Schnittstellen zu anderen Technologien unterstützt werden. Dadurch kann die Kompatibilität mit Anwendungen von anderen am Projekt beteiligten Unternehmen gewährleistet werden, sodass Schnittstellenprobleme bei der Projektabwicklung vermieden werden können. Für alle Prozesse des Unternehmens gibt es keine alleinstehende Software.

In Abb. 3.17 ist die Randbedingung „Technologien" von der strategischen bis zur operativen Ebene dargestellt. Beispielhafte Schnittstellen, die bei der Auswahl der Technologie berücksichtigt werden müssen, sind im rechten blauen Kasten erläutert.

Auf der strategischen Ebene werden die Technologien zur Erreichung der Visionen und Ziele definiert und ausgewählt. Dabei ist es wichtig, dass die zu untersuchende Technologieauswahl unter Berücksichtigung der Geschäftsprozesse vollzogen wird. Zusätzlich müssen die Richtlinien und die individuellen Kompetenzen des Unternehmens beachtet werden.[39]

Ebenfalls sind bei der Auswahl die Aspekte zertifizierte Hard- und Software, Internet, Informationsmanagement, Informationssicherheit, Informationsformat und Struktur, User-Management und Interoperabilität relevant.

---

[38] Vgl. VDI 2552 Blatt 1 (2020), S. 13.
[39] Vgl. Baldwin/e. V./AG (2018), S. 120.

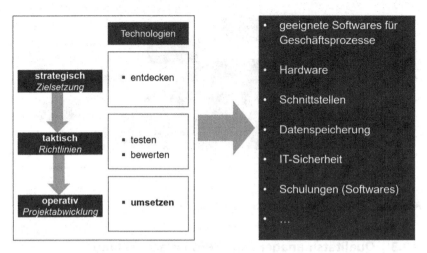

Abb. 3.17 Randbedingung Technologien[40]

Die vorausgewählten Technologien z. B. verschiedene Softwares werden auf der taktischen Ebene getestet und bewertet, unter Berücksichtigung der definierten Visionen des Unternehmens.[41] Auf der operativen Ebene werden die Technologien final ausgewählt und im Unternehmen implementiert. Ein Praxisbeispiel dafür ist die Implementierung der Software Revit. Die Hindernisse, die dabei zu beachten sind, sind den Erkenntnissen der Umfrage im Unterabschnitt 3.1.2 zu entnehmen.

Das der Implementierungsprozess der BIM-Methodik ein zeit- und kostenintensiver Prozess ist, wird beispielhaft durch die Abb. 3.18 dargestellt.

In Abb. 3.18 sind die stufenweisen Phasen der Softwareeinführung von der Definition bis zur Nutzung anhand eines Graphs über den Zeit- und Zusatzaufwand dargestellt. Dabei ist hervorzuheben, dass die Planungsphase mit dem größten zusätzlichen Aufwand verbunden ist. Es ist zu berücksichtigen, dass die Kosten des Einführungsaufwandes das Vielfache der eigentlichen neuen Software betragen können. Aus diesem Grund ist bei einer Softwareeinführung der Zeit- und Kostenaufwand zu berücksichtigen und sie sollte durch fachkundiges Personal begleitet werden.[42]

---

[40] Eigene Darstellung in Anlehnung an Baldwin/e. V./AG (2018), S. 122.

[41] Vgl. Baldwin/e. V./AG (2018), S. 122.

[42] Vgl. Spengler (2020), S. 40.

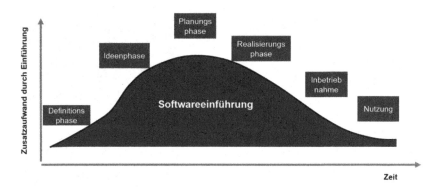

Abb. 3.18 Einführungsphasen von Software[43]

3.2.3 Qualitätsmanagement – Projektabwicklung

Die effektive Implementierung der BIM-Methodik basiert auf dem Qualitätsmanagement der Projektabwicklung und ist ein iterativer und zyklischer Prozess. Demnach ist die Implementierung ein rotierender und sich entwickelnder Prozess, in Abb. 3.19 durch die grünen und blauen Kreisschemen dargestellt, von oben nach unten sowie von unten nach oben. Dabei verläuft die strategische Planung in Anlehnung der BIM-Implementierungsmatrix von oben nach unten, das heißt von Vorstellung zu Umsetzung.

Im Gegensatz dazu verläuft das Qualitätsmanagement des Implementierungskonzeptes auf Basis von Projektabwicklungen zur qualitativen Verbesserung der Prozesse von unten nach oben, das heißt von Umsetzung zu Vorstellung.[44]

Die Fertigstellung des ersten Pilotprojektes (Pilotprojekt 1) ist der Beginn der Erreichung der definierten Visionen und Ziele. Dabei werden je Prozess die gewonnen Erkenntnisse und Erfahrungen in die Unternehmensstandards integriert. Folglich kann dadurch jedes weitere Projektvorhaben davon profitieren und darauf aufbauen. Die Unternehmensstandards und internen Richtlinien werden

---

[43] Eigene Darstellung in Anlehnung an Spengler (2020), S. 40.

[44] Vgl. Baldwin/e. V./AG (2018), S. 133.

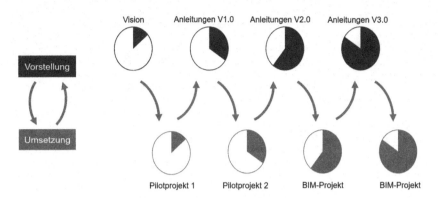

Abb. 3.19 Qualitätsmanagement der BIM-Methodik[45]

dadurch zyklisch und qualitativ in jeder neuen Version der Anleitung angehoben.[46] Daraus lässt sich schlussfolgern, dass eine qualitative Umsetzung der BIM-Methodik im Unternehmen erst funktioniert, sofern sie physisch verankert ist und gelebt wird.[47]

---

[45] Eigene Darstellung in Anlehnung an Baldwin/e. V./AG (2018), S. 133.
[46] Vgl. Przybylo (2015), S. 16.
[47] Vgl. Dr. Wieselhuber & Partner GmbH (08/2018), S. 12.

Plattformgestützte Zusammenarbeit – Plannerly

4

Die plattformgestützte Zusammenarbeit im Sinne der BIM-Methodik für die technische Gebäudeausrüstung erfordert Standards für eine organisatorische Projektabwicklung mit dem Ziel, der vollumfänglichen Implementierung der BIM-Methodik. Hierfür wird in diesem Kapitel ein offenes standardisiertes Konzept als Werkzeug für die browserbasierte BIM-Management-Plattform Plannerly entwickelt und vorgestellt. Um die Praxistauglichkeit zu prüfen, wird das entwickelte Konzept in ein Beispielprojekt integriert. Das Konzept ist Bestandteil der ganzheitlichen strategischen Implementierung, da es relevante Aspekte (z. B. Transparenz, Nachvollziehbarkeit) dieser berücksichtigt.

Im Rahmen dieser Ausarbeitung wird die BIM-Management-Plattform Plannerly untersucht und die Ergebnisse sowie Gründe der Auswahl im folgenden Abschnitt 4.1 vorgestellt. Weiterführend wird im Abschnitt 4.2 ein Konzept für die Anwendung der BIM-Methodik in Plannerly entwickelt, das im Abschnitt 4.3 in einem Projekt umgesetzt wird.

Nachfolgende Screenshots sind primär im Rahmen der Untersuchungen und Ausarbeitungen anhand der beispielhaften Software Plannerly erstellt worden. Die Screenshots sollen eine grobe Übersicht der relevanten Features der Plattform zeigen und werden durch eine rote Umrandung sowie der roten Schriftfarbe hervorgehoben.

Ergänzende Information Die elektronische Version dieses Kapitels enthält Zusatzmaterial, auf das über folgenden Link zugegriffen werden kann https://doi.org/10.1007/978-3-658-37007-7_4.

4.1 BIM-Management-Plattform Plannerly

Die Plattform Plannerly ist eine amerikanische browserbasierte BIM-Management-Plattform (Online-Software), die die Projektplanung, -durchführung und -überwachung für Auftraggeber (Bauwerksnutzer), Architekten, Ingenieure, Bauunternehmer und Subunternehmer unterstützt. Zusätzlich dient die Plattform der Lehre und den Normungsgremien. Das Unternehmen Plannerly, dass äquivalent den Namen der Plattform trägt, sitzt in Irvine, Kalifornien und ist ein wachsendes Start-Up, dessen Produkt Plannerly in mehr als 120 Ländern angewendet wird.[1] Fragen können direkt über die browserbasierte Chatfunktion mit den Mitarbeitern des Unternehmens kommuniziert werden z. B. um Hilfe mit der Bedienung der Plattform anzufordern oder Änderungsvorschläge zu äußern. Die Mitarbeiter von Plannerly haben keinen Zugriff auf die Planungsinformationen.

Link zur Plattform: https://plannerly.com/

Plannerly ist eine agile und transparente Plattform zur Koordination, Kollaboration und Verfolgung der Projektplanung mit BIM. Mit dem Ziel des open BIM Standards können alle Projektaktivitäten und Informationen des Bauwerks über den gesamten Lebenszyklus verwaltet sowie koordiniert werden. Die Abspeicherung der Informationen erfolgt online oder in einer Cloud.[2]

Plannerly folgt dem Leitsatz:

„[…] Smart Lean BIM: the right BIM, at the right time, by the right people – for the right reasons."[3]

Laut dem Leitsatz handelt es sich bei Plannerly um eine effiziente BIM-Plattform, die jederzeit dem Plattformanwender zur Verfügung steht. Dabei beschreibt der Begriff Lean den kontinuierlichen und effizienten Verbesserungsprozess der Wertschöpfung u. a. des Bauwerks, anhand von optimal aufeinander abgestimmten Prozessen, der Maximierung des Nutzens und der minimierten Ressourcenverschwendung.[4]

Anhand des Leitsatzes werden die Ziele für den Plattformanwender ersichtlich. Durch eine geeignete Anwendung von Plannerly ist es demnach möglich, die Mehrwerte der BIM-Methodik (z. B. zentrale Informationen, gemeinschaftliches und standardisiertes Arbeiten) effektiv und nachvollziehbar zu nutzen. Folglich

---

[1] Vgl. Plannerly (08.08.2020).
[2] Vgl. Exigo (24.08.2020).
[3] Plannerly (08.08.2020).
[4] Vgl. Kröger/e. V. (2018), S. 29.

wird durch die Prozessoptimierungstheorie der Plattform beispielsweise das BIM-Projektmanagement u. a. in Bezug auf Koordination, Verwaltungsaufwand, Nachträge und BIM-Qualität vereinfacht.

Laut Plannerly muss jedes Projekt einen optimierten BAP mit begründeten und nachvollziehbaren Definitionen zu den verlangten Lieferleistungen nachweisen. Dadurch können die gesetzten Visionen und Ziele auf Basis des Leitsatzes von Plannerly erreicht werden. Gleichzeitig führt es zu einer Optimierung der Projektprozesse.[5]

Ein weiterer Grund für die Wahl von Plannerly ist, dass es primär ein transparentes Koordinations- und Kommunikationswerkzeug mit einer zusammenhängenden modularen Struktur sowie hinterlegten visuellen Prozessoptimierungstheorien ist.

Im Gegensatz zu Plannerly fehlen diese Eigenschaften bei browserbasierten BIM-Management-Plattformen, die auf Grundlage einer Ordnerstruktur mit Dateiablage basieren. Abb. 4.1 stellt als Beispiel TrimbleConnect dar. Gemäß der Ordnerstruktur können u. a. Dateien, vergangene Aktivitäten und verteilten Aufgaben eingesehen werden.

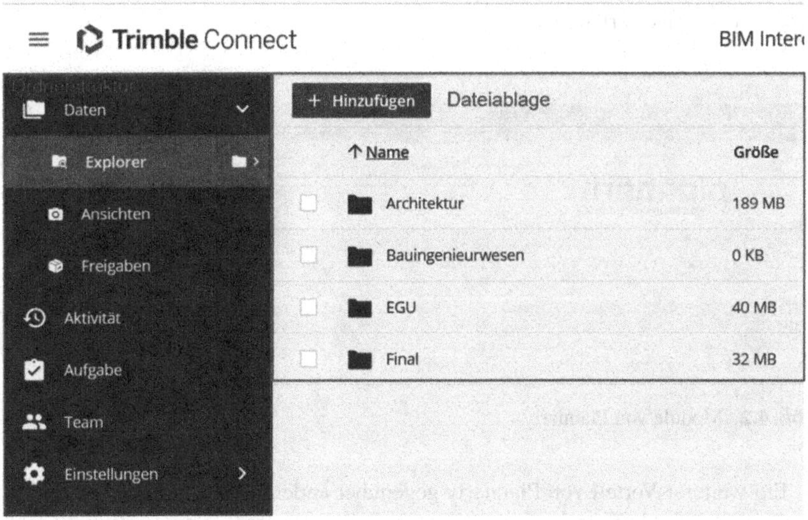

Abb. 4.1 BIM-Management-Plattform Trimble Connect – Ordnerstruktur; Dateiablage

---

[5] Vgl. Plannerly (08.08.2020).

Durch die kommunikativen, koordinativen und visuellen Eigenschaften von Plannerly können Prozesse, beispielweise die BIM-Projektplanung, agil miteinander verknüpft werden. Außerdem können Planungsprozesse in verschiebbare (engl. Drag & Drop), transparente und standardisierte visuelle Elemente, Kategorien, Abschnitte sowie Aufgaben umgewandelt werden. Diese werden näher im Abschnitt 4.3 erläutert.

Im Rahmen dieser Ausarbeitung besitzt ein standardisiertes visuelles Element einen hinterlegten Informationscontainer, der die relevanten Informationen z. B. Zeitplan, Vorgaben zur Erfüllung der Lieferleistung gemäß der Leistungsphase oder Standards zur Erstellung des konstruierten Elementes, für den strukturierten Planungsprozess enthält.[6] Dabei lassen sich die Aspekte je nach Projekt individuell anpassen und es besteht zusätzlich die Möglichkeit, die gesamte Dokumentation zu drucken.

Die Prozessoptimierungstheorien sind in fünf Modulen hinterlegt. Die fünf Module sind „Planen" (Prozesse und Standards), „Leistung" (Geltungsbereich Anforderungen), „Zeitplan" (Task Timeline), „Tafel" (Aufgabenstatus) und „Überprüfen" (2D und 3D Überprüfung und Veröffentlichung). Abb. 4.2 zeigt die einzelnen, rot umrandeten Module, die über den Reiter zugänglich sind. Die zusammenhängenden Module werden in den folgenden Unterabschnitten modulweise näher erläutert.

Abb. 4.2 Module von Plannerly

Ein weiterer Vorteil von Plannerly gegenüber anderen Plattformen (z. B. TrimbleConnect, BIM 360) ist die Bibliothek, die standardisierte Vorlagen (engl. Templates) beinhaltet. Die Vorlagen sind anpassungsfähige Dokumentenvorlagen oder visuelle Elementvorlagen zur effizienten Projektplanung und -abwicklung.

---

[6] Vgl. DIN EN ISO 19650–1 (2019), S. 12.

Über die fünf Module lassen sich die Vorlagen in die Projektplanung integrieren, sodass die Planungsprozesse transparenter, einfacher und schneller werden.[7]

Ein weiteres Feature der Plattform ist, dass integral beispielsweise das Implementierungskonzept oder der BAP auf der Plattform erstellt, geprüft, kommentiert und genehmigt werden können. Für diesen Koordinationsprozess, der von der Erstellung bis zur Genehmigung reicht, werden keine einzelnen Softwares oder Tools z. B. Word und Excel benötigt. In Abb. 4.3 ist dargestellt, dass die Plattform Plannerly alle notwendigen Aktivitäten stemmen kann. Die dadurch entstandenen Informationen, die primär in den visuellen Elementen hinterlegt sind, können wie gehabt in die Planungssoftwares, Berechnungssoftwares und Nutzer-/ Betreibersoftwares integriert werden. Dieser Prozess ist anhand der grauen Pfeile in der Abb. 4.3 dargestellt.

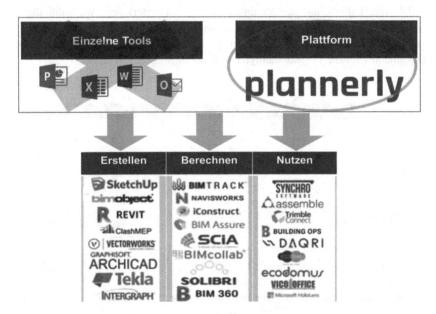

Abb. 4.3 BIM-Management mit der Plattform Plannerly[8]

Aufgrund der vorgenannten Features ist Plannerly eine ideale Plattform für die plattformgestützten Zusammenarbeit im Sinne der BIM-Methodik in der

---

[7] Vgl. Plannerly | Get Tech-Innovative Solutions (18.09.2020).

[8] Eigene Darstellung in Anlehnung an LOD Planner (26.09.2020).

technischen Gebäudeausrüstung und zur Anwendung des entwickelten Konzeptes, das im Abschnitt 4.2 erläutert wird. Die Mehrwerte der Features im Zusammenhang des entwickelten Konzeptes der plattformgestützten Zusammenarbeit werden anhand eines beispielhaften Projekts zur plattformgestützten Zusammenarbeit im Abschnitt 4.3 detaillierter beschrieben.

4.1.1   Modul Planen

In Abb. 4.4 ist das Modul „Planen" dargestellt. Das Modul „Planen" definiert die für das Projekt relevanten Prozesse und Standards auf der Basis von digitalen Dokumenten. Zudem können Dokumente erstellt, geprüft, kommentiert und genehmigt werden.

Die rote Umrandung auf der linken Seite des Fensters zeigt die Bibliothek, in der vorhandene Vorlagen ausgewählt werden können. Anhand des Bearbeitungsstatus, eine weitere rote Markierung auf der rechten Seite, ist der Stand des Dokumentes für die Projektbeteiligten ersichtlich.

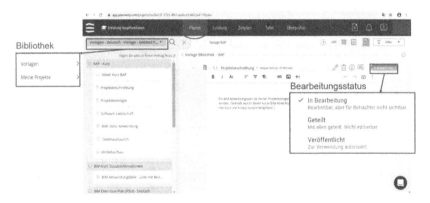

Abb. 4.4 Modul „Planen" – Vorlagen Bibliothek und Bearbeitungsstatus

Das Modul lässt sich beispielsweise zur dynamischen Vorbereitung und Prüfung der AIA-Vertragsgrundlage verwenden. Innerhalb eines Projekts können die in der Bibliothek hinterlegten Informationsvorlagen von den berechtigten Projektbeteiligten gemeinschaftlich und schrittweise durch die Kommentarfunktion im Dokument angepasst werden. Aufgrund dieser Tatsache verfügen die Projektbeteiligten kontinuierlich über eine aktuelle Version u. a. der AIA-Vertragsgrundlage. Dadurch wird die kooperative Zusammenarbeit im Sinne der BIM-Methodik unterstützt.

Darüber hinaus können Bilder, Videos und Links zum Dokument hinzugefügt werden, um u. a. die Verständlichkeit zu verbessern oder Mängel zu verbessern.

4.1.2 Modul Leistung

Das Modul „Leistung" beschreibt die Vorgaben und Aufgaben der geforderten Leistung anhand von visuellen Elementen. Mit dem in Matrizenform aufgebauten Modul „Leistung" kann ein visueller und transparenter Informationsbereitstellungsplan erstellt werden. Ein aufgabenbezogener Informationsbereitstellungsplan ist ein Aufgabenplan mit den Vorgaben (Informationen) der geforderten Lieferleistung.[9] Als Basis fungieren die Vorgaben, die sich anhand von visuellen Elementen mit hinterlegten Informationscontainern und Meilensteinen abbilden lassen.

Abb. 4.5 zeigt das Fenster des Moduls „Leistung", sowie dessen wichtigsten Elemente, die durch eine rote Umrandung hervorgehoben sind.

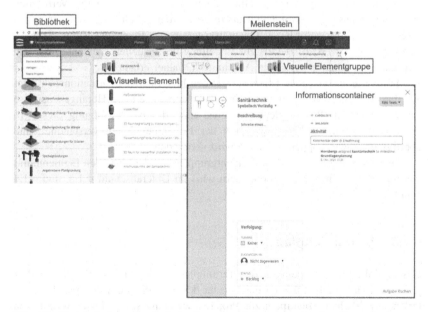

Abb. 4.5 Modul „Leistung" – Aufgabenbezogener Informationsbereitstellungsplan

---

[9] Vgl. DIN EN ISO 19650–2 (2019), S. 11.

Durch visuelle Elementgruppen können Definitionen sowie genaue Herangehensweisen erstellt werden. Als beispielhafte Aktivität innerhalb des Informationscontainers kann die Bearbeitung des Detaillierungsgrades (LOD) des einzelnen Gebäudeteils oder des Gewerkes genannt werden. Die visuellen Elementgruppen können aus der Bibliothek, in Form von Elementen, Vorlagen oder Projekten, entnommen und gegebenenfalls angepasst werden. Parallel dazu können Vorlagen selber erstellt werden. Elementgruppen können in die einzelnen zugehörigen Unterelemente aufgeteilt werden. Zum Bespiel kann die Elementgruppe Sanitärtechnik (Planungsleistung) in die einzelnen zugehörigen Elemente (Teilaufgaben) u. a. Rohrleitungen oder Berechnungen unterteilt werden.

Zur Prozessoptimierung im Sinne der BIM-Methodik können Meilensteinen (Projektphasen) gesetzt werden, die das Projekt in Phasen unterteilen und zu denen die visuellen Elementgruppen zugeordnet werden können.

Den Elementgruppen sowie den zugehörigen Elementen sind zudem Informationscontainer hinterlegt. Features der Informationscontainer sind die Definition von Bemerkungen sowie Informationsanforderungen auf der Grundlage von Standards. Zusätzlich kann der aktuelle Stand der Leistung anhand von Checklisten, einsehbaren Kommentaren, das Hinzufügen von Anlagen und die Verfolgung der Planungsleistung verfolgt und überprüft werden. Dadurch können in transparenter Form die geforderten Qualitätskriterien der Planungsleistung definiert und koordiniert werden. Details zur Erstellung der visuellen Elemente und dem Informationscontainer werden in Abschnitt 4.2 näher erläutert.

Mehrwerte der visuellen Elemente mit den hinterlegten Informationscontainer auf der Grundlage von Standards sind die nachvollziehbare Herangehensweise der zu liefernden Planungsleistung sowie die effektive Verfolgung dieser. In Folge dessen wird die Verantwortung der Projektbeteiligten verständlich und überflüssige sowie doppelte Planung wird vermieden.

Die Zuweisung der visuellen Elementgruppen und der einzelnen Elemente mit den hinterlegten Informationscontainern wird im Unterabschnitt 4.1.3. und 4.1.4 detailliert erläutert.

4.1.3 Modul Zeitplan

Das Modul „Zeitplan" definiert den Terminplan (zeitlicher Ablaufplan) zur Projektabwicklung. Abb. 4.6 zeigt das Fenster des Moduls „Zeitplan" mit dem hinterlegten zeitlichen Ablaufplan zur Projektabwicklung sowie dessen wichtigsten Eigenschaften, die durch eine rote Umrandung hervorgehoben sind.

Zuordnung der visuellen Elementgruppe dem Ablaufplan

Abb. 4.6 Modul „Zeitplan" – Filteroption Meilensteine; Zuordnung Elementgruppe Ablaufplan

Durch die Filteroption der Meilensteine lassen sich die zugeordneten visuellen Elemente anzeigen. Per Drag & Drop Funktion können die Elementgruppen oder die einzelnen zugehörigen Elemente dem Ablaufplan und damit dem zu bearbeitenden Team oder Projektmitglied zugewiesen werden. Dabei definieren die Elemente die Teilaufgaben der Elementgruppe. Folglich ist die Aufgabenzuteilung der Projektbeteiligten immer jederzeit einsehbar. Zusätzlich wird das Zeitfenster händisch, z. B. gemäß dem BAP, angepasst. In der Regel wird diese Aufgabe vom BIM-Koordinator übernommen. Zudem wird der Ablauf automatisch in dem Informationscontainer des visuellen Elementes hinterlegt. Die digital konstruierten Fachmodelle werden ebenfalls von dem Zeitplan beeinflusst, indem sie abhängig von diesem, in priorisierter Reihenfolge, anhand kleiner Meilensteine mit den zugeordneten Teilaufgaben auf Basis der visuellen Elemente entwickelt und kontrolliert werden. Im Unterabschnitt 4.3.2 wird detailliert auf diesen Aspekt eingegangen.

Vorteile dieser optischen Prozessoptimierung sind u. a. die gemeinschaftliche Gestaltung der Ablaufplanung sowie die ganzheitliche strukturierte Projektabwicklung, die auf der transparenten Reihenfolge der abzuarbeitenden Elemente beruht. Dadurch kann das Projekt im vertraglich vorgegebenen Rahmen abgewickelt werden.

4.1.4 Modul Tafel

Das Modul „Tafel" in Abb. 4.7 zeigt den Aufgabenstatus und stellt optisch die Verfolgung der zu liefernden Planungsleistung dar, die auf der Prozessoptimierungstheorie der digitalen Kanban-Tafel basiert. Anhand der Filteroption der Meilensteine lassen sich ihre zugeordneten visuellen Elemente anzeigen.

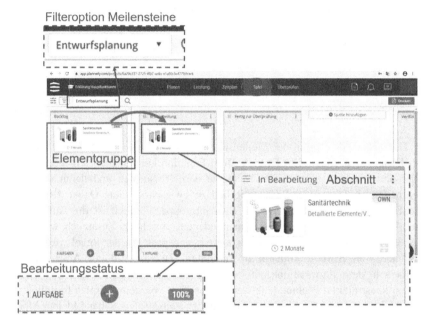

Abb. 4.7 Modul „Tafel" – Filteroption Meilensteine; Elementgruppe; Tafelabschnitt; Status

Jedes visuelle Element repräsentiert einen Teil des Projektabwicklungsprozesses und durchläuft jeden in der Tafel vorgegebenen Statusabschnitt, das heißt von der Bearbeitung des visuellen Elementes bis zur Überprüfung des visuellen Elementes im Modul „Überprüfen". Der graue Pfeil symbolisiert den Lauf des Elementes durch den Tafelabschnitt „In Bearbeitung". Mithilfe des Bearbeitungsstatus, der im unteren Abschnitt des Fensters rot umrahmt ist, kann der BIM-Koordinator den Stand der Projektabwicklung schrittweise überprüfen. In der Abb. 4.7 sind z. B. 100 % der gesamten Lieferleistung vom Meilenstein Entwurfsplanung im Status „In Bearbeitung" erreicht. Bei Bedarf kann der BIM-Koordinator die Lieferleistungen neu koordinieren, um Verzögerungen der Projektabwicklung zu vermeiden. Darüber hinaus ist das Modul ein Kontrollwerkzeug für den Fachplaner zur Überprüfung des eigenen Planungsleistungsfortschrittes.

4.1.5 Modul Überprüfen

Das Modul „Überprüfen" mit integriertem Viewer wird in Abb. 4.8 dargestellt. Über den Modellbrowser werden die konstruierten Fachmodelle in den Viewer des Moduls geladen. Dabei können diese über die Verknüpfung mit der Dateiablage von BIM 360 oder per Drag & Drop in das Modul geladen werden. Generell können 82 verschiedene, sowohl interoperable als auch proprietäre, Dateitypen in das Modul geladen werden.

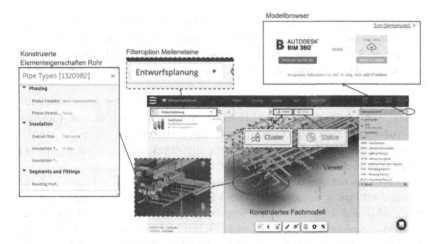

Abb. 4.8 Modul „Überprüfen" – Darstellung konstruiertes Fachmodell im Viewer

In dem Modul können die visuellen Elemente je Meilenstein mit den konstruierten Elementen im Fachmodell überprüft und verknüpft werden. Dadurch können die konstruierten Elemente auf Genauigkeit und Äquivalenz mit der definierten Lieferleistung, u. a. gemäß dem AIA oder der Elementeigenschaft des Informationscontainers, geprüft werden.

Durch die Verknüpfung mit den visuellen Elementen kann außerdem der Status des konstruierten Fachmodells überprüft werden. Dieser Bearbeitungsstatus kann über die Option Status visuell dargestellt werden. Als Beispiel kann das

Stadium des Meilensteins Entwurfsplanung durch ein Kreisdiagramm präsentiert werden. Dadurch wird der Stand der bereits verknüpften Elemente und somit der überprüften Elemente ersichtlich. Zusätzlich kann das konstruierte Fachmodell über die Option Cluster strukturiert in die einzelnen konstruierten Elemente gruppiert werden. Ein detailliertes Beispiel dieser Prozesse und Features wird im Unterabschnitt 4.3.2 erläutert.

Die genannten Tätigkeiten sind in der Regel dem BIM-Koordinator zugewiesen. Abschließend ist zu sagen, dass mithilfe des Moduls der Informationsstandard des Projekts überprüft werden kann und zudem die Koordination sowie die Verfolgung der Planungsprozesse im Sinne der BIM-Methodik effektiv vereinfacht wird.

4.2 Vorlage DIN 276 (KG 400) – KG 411 und KG 412

Begleitet wird der Abschnitt durch ein mittelständisches TGA-Planungsbüro aus dem Münsterland und dem Unternehmen Plannerly. Das Planungsbüro beschäftigt sich seit ca. 3 Jahren mit der BIM-Methodik. Zu dem primären Leistungsportfolio des Planungsbüros gehört die Planung der technischen Gebäudeausrüstung für Labore.

Plannerly und das Planungsbüro sind an einer universellen sowie standardisierten Vorlage für das Modul „Leistung" interessiert, durch die die Lieferanforderungen effizient und transparent herausgearbeitet und umgesetzt werden können. Das Ziel ist die Hinterlegung in die Bibliothek, die folglich den gesamten Plattformanwendern zur Verfügung steht.

Im Rahmen der Ausarbeitung wird eine Vorlage basierend auf einem offenen Konzept mit einem aufgabenbezogenem Informationsbereitstellungsplan anhand planerischer und organisatorischer Vorgaben erstellt. Die Vorlage soll zum einen die BIM-Zusammenarbeit mit den planerischen Lieferleistungen (Vorgaben) und den Abhängigkeiten dieser innerhalb des Projektteams fördern. Dabei wird das Ziel der besseren Koordination und Nachvollziehbarkeit der Projektplanung verfolgt. Zum anderen soll die Vorlage zudem die plattformgestützte Zusammenarbeit im Sinne der BIM-Methodik auf Grundlage des Implementierungsprozesses erfolgreich unterstützen.

Eine Begründung des ersten Aspektes ist, dass unerfahrene Fachplaner mit der Lieferleistung und deren Bearbeitung, in Bezug auf die Leistungsphasen, nicht genügend vertraut sind. Gleichzeitig sind den Fachplanern die Schnittstellen zum restlichen Projektteam der Wertschöpfungskette Bau unbekannt.[10] Die

---

[10] Siehe ele B: E-Mail mittelständisches Planungsbüro Münsterland.

beschriebenen Punkte führen dazu, dass der Projektabwicklungsprozess ineffektiv und nicht im Sinne der BIM-Methodik ist. Mit dem zweiten Aspekt wird das Ziel der wissenschaftlichen Ausarbeitung, das in der Einleitung[11] definiert ist, begründet.

Die Bibliothek enthält universelle Vorlagen, die in das Modul „Leistung" per Drag & Drop integriert werden können. Jedoch gibt es keine deutsche Vorlage mit den zuvor notwendigen Merkmalen zur BIM-Zusammenarbeit. Aufgrund dessen wird eine universelle Vorlage „DIN 276 (KG400 only) Folders & Elements (German)" im Rahmen dieser Ausarbeitung entwickelt.

Als geeignete Basis zur Konzeptentwicklung der Vorlage wurde die DIN 276 „Kosten im Bauwesen" und der Kostengruppe 400 Bauwerk – Technische Anlagen ausgewählt. Mit diesen Vorgaben werden die Kosten für Bauleistungen und Lieferungen, die bei der Herstellung der technischen Anlagen des Bauwerks von Hochbauten, Ingenieurbauten und Infrastrukturablagen entstehen, ermittelt. Durch die Norm werden die Voraussetzungen für eine einheitliche Vorgehensweise in der Kostenplanung geschaffen.[12] Mit der Kostengruppe 400 kann das gesamte Projektteam sowie die technischen Anlagen der Wertschöpfungskette Bau strukturiert dargestellt werden.

In Folge dessen, dass eine auf der gesamte Kostengruppe 400 fundierte Vorlage das Ausmaß der Ausarbeitung überschreiten würde, werden nur die Kostengruppe 411 „Abwasseranlagen" und 412 „Wasseranlagen" für die Erstellung der Vorlage verwendet. Die entwickelte Vorlage kann jedoch individuell erweitert und auf die anderen Kostengruppen übertragen werden.

Um die Übersicht zu bewahren, wird nachfolgend bei der Erläuterung der Struktur und des Aufbaus der erstellten Vorlage auf den komplexen Informationsgehalt der Informationscontainer verzichtet. Die gesamte Vorlage zuzüglich der Informationscontainer ist im digitalen Anhang B hinterlegt.

4.2.1   Aufbau der Vorlage

Die für das Modul „Leistung" entwickelte universelle Vorlage „DIN 276 (KG400 only) Folders & Elements (German)"[13] mit den Kostengruppen 411 „Abwasseranlagen" und 412 „Wasseranlagen" ist in Matrizenform aufgebaut und in Abb. 4.9

---

[11] Siehe 1. Kapitel Einleitung.

[12] Vgl. DIN 276 (2018), S. 23.

[13] Elektronisches Zusatzmaterial: Die elektronische Version dieses Kapitels enthält Zusatzmaterial, das berechtigten Benutzern zur Verfügung steht. https://doi.org/10.1007/978-3-658-37007-7_4.

abgebildet. Aufgebaut ist das Konzept der Vorlage aus den Meilensteinen (Spalten) und den Elementgruppen (Zeilen) mit den zugehörigen Elementen sowie den hinterlegten Informationscontainern.

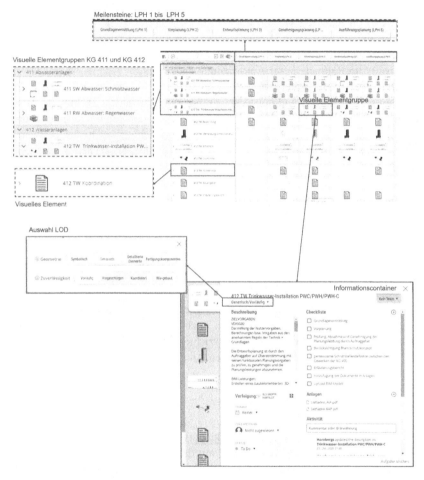

Abb. 4.9 Modul „Leistung" – Konzept Vorlage DIN 276 (KG 400) – KG 411 und KG 412

Mit den Meilensteinen werden exemplarisch die Leistungsphasen von der Grundlagenermittlung (LPH 1) bis zur Ausführungsplanung (LPH 5) entsprechend der Planungsleistung eines Planungsbüros beschrieben. Jeder Leistungsphase werden Elementgruppen und deren zugehörigen Elemente der Kostengruppe 411 und 412 gemäß der definierten LOD-Matrix zugeordnet. Diese Elemente enthalten wiederum Informationen über die Lieferleistung einer Leistungsphase, die inhaltlich mithilfe der Informationscontainer sowie visuell auf der Plattform dargestellt sind

In der entwickelten Vorlage sind die Elementgruppen 411 SW Abwasser: Schmutzwasser, 411 RW Abwasser: Regenwasser, 412 TW Trinkwasser-Installation PWC/PWH/PWH-C hinterlegt.

Die hierarchische Struktur der visuellen Elementgruppen ist in Anlehnung an die DIN 276 erstellt. Zusätzlich ist die jeweilige Unterstruktur der Elementgruppen im Sinne der VDI 6026 Blatt 1 „Dokumentation in der technischen Gebäudeausrüstung" aufgebaut. Mit dessen Hilfe lassen sich die Anforderungen an die inhaltlichen Lieferleistungen darstellen, die im Rahmen der Abwicklung eines TGA-Projektes zu erstellen sind.[14]

Das inhaltliche Konzept der hinterlegten Informationscontainer basiert ebenfalls auf der VDI 6026 Blatt 1. Des Weiteren enthält das Konzept Informationen aus der Honorarordnung für Architekten und Ingenieure (HOAI)[15].

Die visuellen Elemente sind über die Informationscontainer der Elementgruppe gemäß entsprechender LOD der Leistungsphase angepasst.

Abb. 4.10 zeigt beispielsweise die in dem Informationscontainer enthaltenen Informationen der Elementgruppe 412 TW Trinkwasser-Installation PWC/PWH/PWH-C. Diese definieren den Umfang und die Herangehensweise der Planungsleistung. Dabei sind die Informationscontainer in die Felder Beschreibung, Checkliste, Anlagen, Aktivität und Nachverfolgung unterteilt. In dem Feld Beschreibung ist inhaltlich und nachvollziehbar die Lieferleistung und die Abarbeitung dieser u. a. im Sinne der BIM-Methodik beschrieben.

Die Informationen im Feld Checklisten dienen für den Fachplaner zur Selbstkontrolle und zur Überprüfung der Vollständigkeit der Lieferleistung. Das Feld Anlagen ist ein Dateiablageort, in dem Dateien, die sämtliche Informationen zur Planungsleistung gemäß den Anforderungen des Elementes enthalten, hochgeladen werden können. Die Dateien informieren beispielsweise über den Leitfaden AIA.

---

[14] Vgl. VDI 6026 Blatt 1 (2008), S. 3

[15] Vgl. AHO-Arbeitskreis (2019), S. 57 ff.

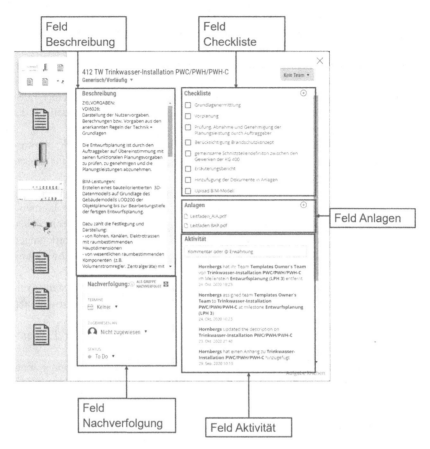

Abb. 4.10 Informationscontainer   Elementgruppe   –   Trinkwasser-Installation PWC/PWH/PWH-C

Mit dem Feld Aktivität werden die Änderungen beispielsweise abgearbeiteter Checklistenpunkte oder neuer Kommentare angezeigt. In dem Feld Verfolgung können Termine, die Zuweisung sowie der Status eines Elementes eingesehen werden.

Im Gegensatz zum Informationscontainer der Elementgruppe sind im Informationscontainer des Elements zusätzlich die Informationsanforderungen zur effektiven Kontrolle und Nachvollziehbarkeit der Lieferleistung erläutert (siehe Abb. 4.11). Zum einen wird für den Fachplaner der Schwerpunkt durch das visuelle Symbol der Informationsanforderungspunkte beispielsweise IFC-Format ersichtlich. Durch visuelle Kästen und das Setzen von Haken lässt sich zudem die Vollständigkeit kontrollieren.

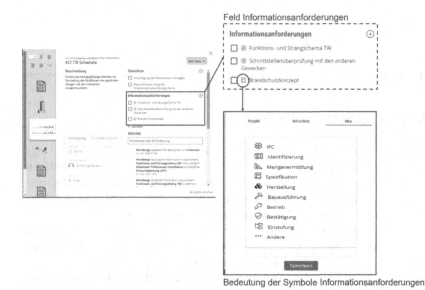

Abb. 4.11 Informationscontainer Element – Informationsanforderungen TW Schemata

In Abb. 4.12 sind parallel dazu die Informationsanforderungen in der Matrix des Elements 412 TW Schemata abgebildet. Durch das Symbol „Auge" wird die detaillierte Definition des Informationsanforderungspunktes sichtbar. Mit den blauen Punkten ist die Zuordnung zum Element sowie zur Leistungsphase sichtbar.

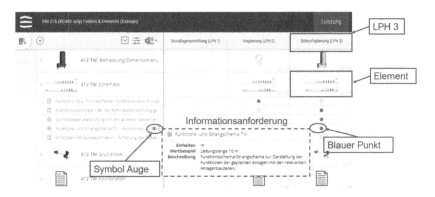

Abb. 4.12 Element TW Schemata – Darstellung der Informationsanforderung in der Matrix

4.2.2 Ergebnis der Vorlage

Die entwickelte, universal anwendbare deutsche Vorlage „DIN 276 (KG400 only) Folders & Elements (German)" mit den Kostengruppen 411 „Abwasseranlagen" und 412 „Wasseranlagen" ist ein beispielhaftes offenes Konzept zur Unterstützung der plattformgestützten Zusammenarbeit im Sinne der BIM-Methodik auf Basis der zuvor genannten Voraussetzungen im Abschnitt 4.2.

Mit dem auf ein Beispiel im Abschnitt 4.3 angewandten, aufgabenbezogenem Informationsbereitstellungsplan, ist ein standardisiertes, theoretisches Werkzeug mit einer Übersicht zur strukturierten Herangehensweise der Lieferleistung erstellt worden. Dabei unterstützt die Vorlage den Fachplaner der technischen Gebäudeausrüstung insbesondere dadurch, dass mithilfe der visuellen Elemente und deren hinterlegten Informationscontainern die Lieferleistung und deren Abhängigkeiten in jeder Leistungsphase nachvollziehbar und optimal planbar dargestellt sind. Dabei werden jegliche Vorgaben berücksichtigt.

Durch die strukturelle Anordnung der visuellen Elemente in Anlehnung an die LODs. und die inhaltlichen Informationen der Informationscontainer, erleichtert die Vorlage zudem die plattformgestützte Zusammenarbeit über die sprachliche Verständigung hinaus.

Zusätzlich wird das Projektmanagement für den BIM-Koordinator anhand der übersichtlichen Koordination und Verfolgung des planerischen Prozesses erleichtert. Folglich führt dies zu einem effektiveren Projektabwicklungsprozess.

Die im Unterabschnitt 4.2.1 genannten Mehrwerte der Vorlage werden in Abschnitt 4.3 detailliert durch die Integration der Vorlage in ein Projekt aufgezeigt.

Ein weiterer Vorteil der erstellten Vorlage ist, dass sie sich individuell anpassen und erweitern lässt. Durch die Ergänzung von weiteren Kostengruppen wird die Abhängigkeit aller Projektbeteiligten bei der Projektabwicklung ersichtlich.

4.3 Beispielprojekt – Plattformgestützte Zusammenarbeit

Die Anwendung der im Abschnitt 4.2 entwickelten Vorlage für die plattformgestützte Zusammenarbeit auf Basis der BIM-Methodik wird durch das Beispielprojekt „Konzeptentwicklung im Sinne der BIM-Methodik" vorgestellt. Es ist ein beispielhaftes Einführungsprojekt, um den strategischen BIM-Implementierungsprozess auf Grundlage der plattformgestützten Zusammenarbeit in einem TGA-Planungsbüro zu durchlaufen. Dabei liegt der Fokus auf der Integration der entwickelten Vorlage „DIN 276 (KG400 only) Folders & Elements (German)" im organisatorischen Projektabwicklungsprozess.

Der Projektabwicklungsprozess erfolgt in strukturierter Reihenfolge in Anlehnung der Module der Plattform von links nach rechts (vom Modul „Planen" bis zum Modul „Überprüfen"). Im Modul „Planen" sind die Standards und Prozesse (z. B. Implementierungskonzept, BAP) definiert, die innerhalb des Moduls „Leistung" umgesetzt und erbracht werden müssen, um die Anforderungen des Moduls „Planen" zu erfüllen.

4.3.1 Modul „Planen" – Konzeptentwicklung im Sinne der BIM-Methodik

In Abb. 4.13 ist der strukturierte Leitfaden für die Konzeptentwicklung zur strategischen Implementierung der BIM-Methodik dargestellt. Er befindet sich im Modul „Planen" und ist in Ordnern mit hinterlegten Informationen gegliedert. Dieser dient zusammen mit den Informationen aus Kapitel 3 als Leitfaden, um die BIM-Methodik erfolgreich in einem TGA-Planungsbüro zu implementieren.

Mit dem Inhalt der Ordner Implementierungsmatrix, Randbedingungen sowie Qualitätsmanagement werden die Faktoren erläutert, die bei der Konzeptentwicklung von Relevanz sind. Der explizite Bearbeitungsstatus „In Bearbeitung" des Leitfadens ermöglicht, dass dieser individuell innerhalb des Projektteams angepasst werden kann.

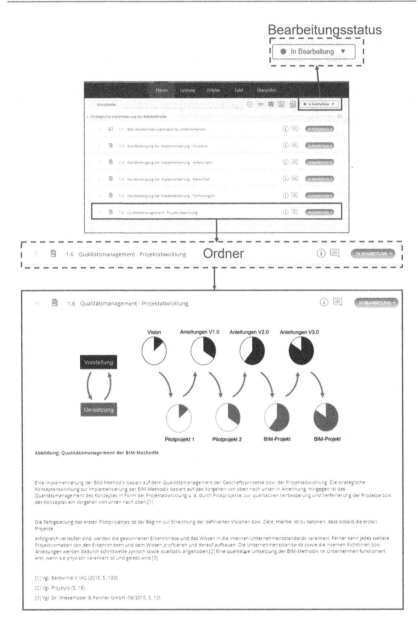

Abb. 4.13 Modul „Planen" – Leitfaden für die Konzeptentwicklung im Sinne der BIM-Methodik

Eine detaillierte schriftliche Dokumentation zur Konzeptentwicklung im Sinne der BIM-Methodik bezüglich des Moduls „Planen" ist dem elektronischen Zusatzmaterial[16] zu entnehmen.

4.3.2 Anwendung der Vorlage – Entwurfsplanung

In Abb. 4.14 ist die Anwendung der universellen Vorlage in dem Modul „Leistung" dargestellt. Diese wird beispielhaft für den Meilenstein Entwurfs-planung, dem visuellem Element 412 TW Grundrisse sowie aus der Sicht des BIM-Koordinators-TGA erläutert.

Mit dem ausgewählten visuellen Element 412 TW Grundrisse wird eine Teil-aufgabe der Elementgruppe 412 TW Trinkwasser-Installation PWC/PWH/PWH-C definiert.

Als erstes wird die Vorlage über die Bibliothek in das Modul „Leistung" inte-griert, woraufhin diese im Anschluss an das Projekt angepasst wird. In Abb. 4.14

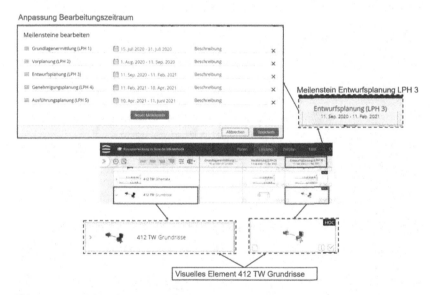

Abb. 4.14 Modul „Leistung" – Meilenstein Entwurfsplanung; Element 412 TW Grundrisse

---

[16] Elektronisches Zusatzmaterial: Die elektronische Version dieses Kapitels enthält Zusatzmaterial, das berechtigten Benutzern zur Verfügung steht. https://doi.org/10.1007/978-3-658-37007-7_4.

ist das dazugehörige Fenster innerhalb der Plattform dargestellt. Der Bearbeitungszeitraum wird im Rahmen des Beispiels für die Entwurfsplanung (LPH 3) vom 11.09.2020 bis 11.02.2021 in Anlehnung des AIAs festgelegt.

Parallel dazu wird optisch überprüft, ob die Informationen im hinterlegten Informationscontainer des visuellen Elementes TW Grundrisse in Abb. 4.15 äquivalent mit den geforderten Lieferleistungen (definierte Vorgaben im Modul „Planen") sind. Falls dieses nicht zutrifft, werden die Informationen manuell

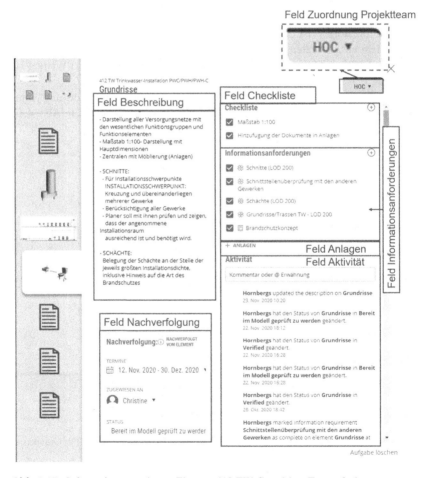

Abb. 4.15 Informationscontainer – Element 412 TW Grundrisse Entwurfsplanung

angepasst. Abb. 4.15 gibt eine Übersicht über die verschiedenen Informations-anforderungen innerhalb des Informationscontainers des visuellen Elementes TW Grundrisse. Durch das Anklicken des visuellen Elementes erscheint der hinter-legte Informationscontainer, der generell kontinuierlich angepasst und bearbeitet werden kann.

Der Informationscontainer, der im Abschnitt 4.1 dieser Ausarbeitung beschrie-ben wurde, ist die zentrale Informationsbank der visuellen Elementgruppen und ihren zugehörigen Elementen. Er ist dementsprechend Bestandteil des gesamten Projektabwicklungsprozesses im Sinne der Organisation und den Qualitätstheo-rien. Durch die standardisierte Ansicht sowie äquivalenten Feldern der visuellen Elemente in den Modulen „Leistung", „Zeitplan", „Tafel" und „Überprüfen" ist ein zusammenhängendes Projektmanagement in der Planung möglich.

In nächsten Schritt erfolgt innerhalb des Moduls „Zeitplan" der Zuordnungs-prozess des visuellen Elementes TW Grundrisse, der in Abb. 4.16 abgebildet ist.

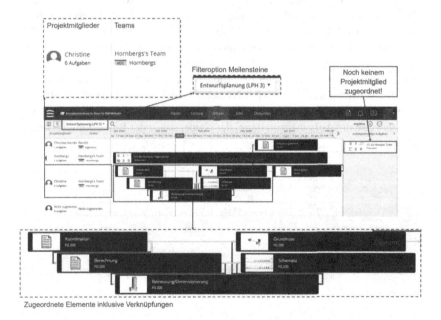

Abb. 4.16 Modul „Zeitplan" – Zuordnung und Abhängigkeit der Elemente

Im mittleren Feld des Fensters „Zeitplan" befinden sich die Elementgruppe sowie die zugehörigen Elemente, die durch die grünen Balken dargestellt sind. Durch die roten und beigen Linien werden zusätzlich die Elemente in hierarchischer Reihenfolge gemäß Ablaufplan miteinander verbunden, sodass Abhängigkeiten und Verknüpfungen erkennbar sind. In Bezug auf das Beispiel wird dadurch ersichtlich, dass das Element Grundrisse von den Elementen Koordination (Verknüpfung beige Linie) und Bemessung/Dimensionierung (Verknüpfung rote Linie) abhängt. Trotz des hinterlegten Informationscontainers mit den Lieferleistungen ist zu erkennen, dass die anderen beiden Elemente bei der Bearbeitung des Elementes Grundrisse mit einzubeziehen sind. Durch die visuelle Verknüpfung werden die zusammenhängenden Arbeitsprozesse für den Fachplaner (Christine) verständlich und die Lieferleistungen können in effektiver Reihenfolge bearbeitet werden.

Über die Drag & Drop Funktion wird die Teilaufgabe Grundrisse dem Team Hornbergs und dem Projektmitglied Christine zugeordnet. Auf der rechten Seite des Fensters sind diejenigen visuellen Elemente aufgelistet, für die noch kein Projektteam verantwortlich ist. Darüber hinaus wird die Bearbeitungszeit des visuellen Elementes Grundrisse vom 12.11.2020 bis zum 30.12.2020 gemäß dem BAP, manuell durch das Anklicken angepasst. Außerdem werden automatisch die zuvor genannten Prozesse in Abb. 4.15 in das Feld Nachverfolgung und das Feld Zuordnung Projektteam des Informationscontainers übernommen.

Die Aufgabenverteilung kann für die weitere Verwendung in einer Software zum Beispiel Excel als xls-Datei exportiert werden. In Abb. 4.17 ist der Import der Aufgabenverteilung in Excel dargestellt. Dabei präsentieren die Zeilen die einzelnen Elemente und in den Spalten werden die notwendigen Informationen, beispielsweise die Aufgabenzuteilung, der Name, sowie der Bearbeitungszeitraum bereitgestellt.

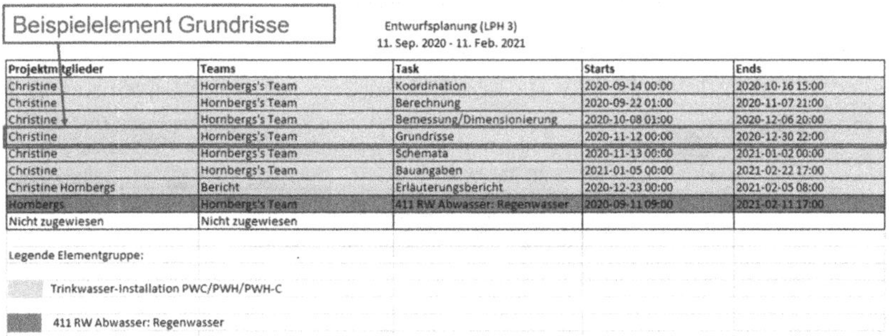

Beispielelement Grundrisse		Entwurfsplanung (LPH 3) 11. Sep. 2020 - 11. Feb. 2021		
Projektmitglieder	Teams	Task	Starts	Ends
Christine	Hornbergs's Team	Koordination	2020-09-14 00:00	2020-10-16 15:00
Christine	Hornbergs's Team	Berechnung	2020-09-22 01:00	2020-11-07 21:00
Christine	Hornbergs's Team	Bemessung/Dimensionierung	2020-10-08 01:00	2020-12-06 20:00
Christine	Hornbergs's Team	Grundrisse	2020-11-12 00:00	2020-12-30 22:00
Christine	Hornbergs's Team	Schemata	2020-11-13 00:00	2021-01-02 00:00
Christine	Hornbergs's Team	Bauangaben	2021-01-05 00:00	2021-02-22 17:00
Christine Hornbergs	Bericht	Erläuterungsbericht	2020-12-23 00:00	2021-02-05 08:00
Hornbergs	Hornbergs's Team	411 RW Abwasser: Regenwasser	2020-09-11 09:00	2021-02-11 17:00
Nicht zugewiesen	Nicht zugewiesen			

Legende Elementgruppe:

Trinkwasser-Installation PWC/PWH/PWH-C

411 RW Abwasser: Regenwasser

Abb. 4.17 Modul „Zeitplan" – Import Aufgabenverteilung in Excel

Über das Modul „Tafel", dessen Prozessoptimierungstheorien im Unterabschnitt 4.1.4 dieser Ausarbeitung beschrieben wurde, wird der Bearbeitungszustand von Elementen durch die Zuordnung zu bestimmten Tafelabschnitten ersichtlich. Dadurch kann der gesamte Bearbeitungsstatus des Meilensteins nachvollziehbar verfolgt werden.

Abb. 4.18 zeigt für das beispielhafte Projekt, dass das visuelle Element Grundrisse bereits den Abschnitt „Bereit im Modell geprüft zu werden" erreicht hat, da es durch den Fachplaner (Christine) soweit abgearbeitet worden ist.

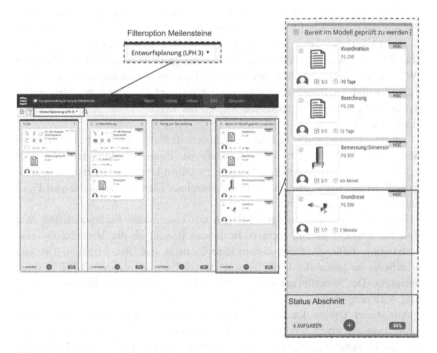

Abb. 4.18 Modul „Tafel" – Bearbeitungsstatus Element Grundrisse durch Zuordnung Tafelabschnitt

Zusätzlich ist durch den Status Abschnitt, der sich im unteren Bereich des Tafelabschnitts befindet, ersichtlich, dass sich drei weitere Elemente im selben Bearbeitungsstand befinden. Dadurch sind bereits 44 % der gesamten Lieferleistungen des Meilensteins Entwurfsplanung (LPH 3) erbracht. Abhängig von der

Zugehörigkeit des Tafelabschnitts wird der Status eines Elements, der sich in dessen Feld Nachverfolgung des Informationscontainers befindet und in Abb. 4.15 abgebildet wurde, automatisch angepasst.

Die Eigenkontrolle der Abarbeitung durch den Fachplaner, in Abb. 4.15 dargestellt, erfolgt eigenständig durch das Abhaken in den Feldern Checkliste und Informationsanforderungen.

Im nächsten Schritt innerhalb des Projektabwicklungsprozesses wird das visuelle Element Grundrisse mit dem relevanten Element des konstruierten Fachmodells im Modul „Überprüfen" auf Äquivalenz abgeglichen.

Beispielhaft wird das konstruierte Element TW Rohr PWC des Fachmodelles TW mit dem visuellen Element Grundrisse in diesem Projekt erst überprüft und im Anschluss daran damit verknüpft. Innerhalb des Überprüfungsprozesses, der in Abb. 4.19 dargestellt ist, werden die Eigenschaften (z. B. Material) des TW Rohr PWC mit den Informationen des visuellen Elementes Grundrisse optisch überprüft. Anhand der Rohrmarkierung mithilfe von Anklicken und anschließendem klicken auf das Icon Eigenschaften werden die Eigenschaften des konstruierten Elementes dargestellt.

Zusätzlich besteht die Option der Clusteraufteilung des konstruierten Fachmodelles TW, das in Abb. 4.20 dargestellt ist. Eine Aufteilung nach Clustern bedeutet, dass das Fachmodell TW in die einzelnen konstruierten Elemente automatisch zerlegt wird. Somit können die einzelnen Elemente zum Beispiel Pipes einfacher überprüft werden.

Ist die Überprüfung erfolgreich, kann das konstruierte Fachmodell mit dem visuellen Element vereint werden. In diesem Projekt ist die Verknüpfung eine Bestätigung dafür, dass das konstruierte Element mit dem visuellen Element Grundrisse im Sinne der Lieferleistung gemäß Entwurfsplanung (LPH 3) übereinstimmt. Der Verknüpfungsprozess mit den bereits geprüften Elementen ist in Abb. 4.21 dargestellt.

Mit dieser Option kann der Status des konstruierten Fachmodells schrittweise manuell überwacht werden. Des Weiteren wird der Projektstatus der Entwurfsplanung mithilfe eines Kreisdiagramms, der im Unterabschnitt 4.1.5 dieser Ausarbeitung beschrieben wurde, sichtbar. In dem beispielhaften Projekt wurden 88,8 % der konstruierten Elemente noch nicht fertiggestellt und 11,2 % stehen zur Überprüfung und somit der Verknüpfung bereit.

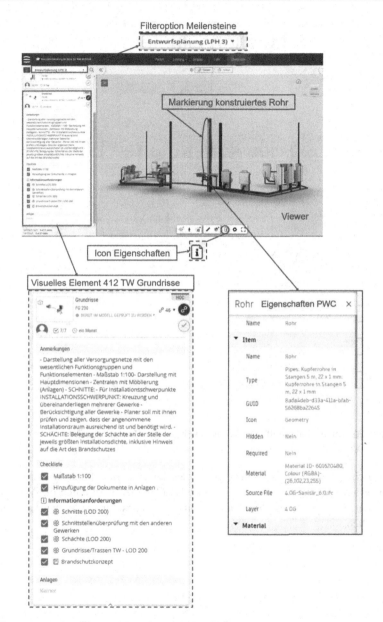

Abb. 4.19 Modul „Überprüfen" – TW Rohr PWC: Überprüfung konstruiertes Element mit visuellem Element

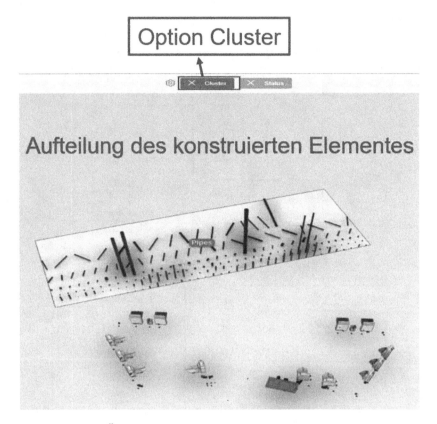

Abb. 4.20   Modul „Überprüfung" – Cluster konstruiertes Fachmodell TW

Durch die schrittweise Überprüfung des konstruierten Modells werden die Mängel schnell sichtbar und detektierbar. Parallel dazu wird durch die Verknüpfung der Fortschritt des Projektabwicklungszustandes für die Entwurfsplanung ersichtlich.

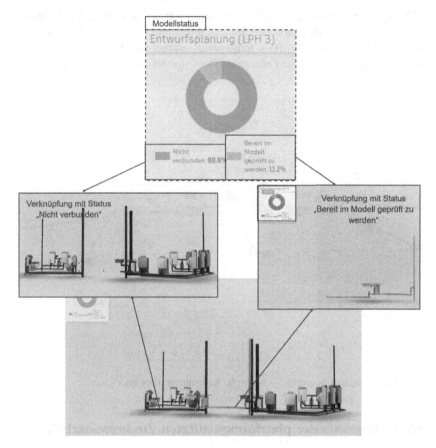

Abb. 4.21 Modul „Überprüfen" – Verknüpfung Modell mit Element Grundrisse

Eine relevante Informationsanforderung des Elementes Grundrisse ist die Schnittstellenüberprüfung mit den anderen Gewerken in Abb. 4.19 dargestellt. Das visuelle Element Grundrisse wird nach der Federation[17] der konstruierten Fachmodelle zu einem zusammengesetzten Informationsmodell und manuell im Viewer auf Kollisionen überprüft. Die entsprechende Ansicht ist in Abb. 4.22 dargestellt.

---

[17] DIN EN ISO 19650–1 Federation: Erstellung eines zusammengesetzten Informationsmodells aus separaten Informationscontainern.

Nach der Überprüfung der Lieferleistungen mit den konstruieren Elementen erhält das Element Grundrisse den Status „Verifiziert". Abschließend werden die konstruierten Fachmodelle TGA freigegeben, sodass sie zum Beispiel für den BIM-Gesamtkoordinator zur Federation aller Informationsmodelle bereitstehen.

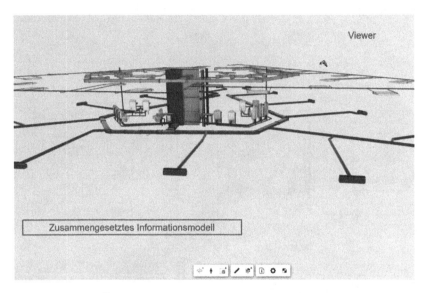

Abb. 4.22 Modul „Überprüfen" – Manuelle Kollisionsprüfung im Viewer

4.3.3 Ergebnis der plattformgestützten Zusammenarbeit

Das Projekt „Konzeptentwicklung im Sinne der BIM-Methodik" stellt die Vorteile der plattformgestützten Zusammenarbeit durch die integrierte und praxisnahe Anwendung der Vorlage sowie einem schrittweise, modularen und organisatorischen Projektabwicklungsprozess dar. Ein relevanter Vorteil ist die nachvollziehbare und zusammenhängende Bearbeitung der Lieferleistung mithilfe der Informationscontainer und der Drag & Drop Funktion. Weitere Vorteile sind die interoperablen Schnittstellen und das durch die schrittweise Überprüfung zwischen den visuellen Elementen und konstruierten Elementen Mängel sehr schnell sichtbar und detektierbar werden.

Aus dem Projekt lässt sich die Erkenntnis ableiten, dass die plattformgestützte Zusammenarbeit unter Anwendung der BIM-Methodik auf der Grundlage von Standards eine effektive Unterstützung für TGA-Planungsbüros beim BIM-Implementierungsprozess ist. Dadurch können die gesetzten Visionen und Ziele eines Unternehmens effizienter erreicht werden. Außerdem ist es eine Hilfe bei der Verfolgung und Koordination von Planungsprozessen innerhalb des TGA-Planungsbüros, wodurch eine effektive Unterstützung geschaffen wird. Besonders hervorzuheben sind die nachvollziehbaren visuellen Strukturen und die individuellen Anpassungsmöglichkeiten.

Das Arbeiten mit der Plattform ist für das Projektteam anhand des modularen Aufbaus gut nachvollziehbar. Hierdurch werden die kooperativen Arbeitsprozesse verständlich, visuell und transparent für das Projektteam erläutert.

Die plattformgestützte Zusammenarbeit ermöglicht zudem eine effektive und agile Projektwicklung auf der Basis open BIM Standards sowie des Lean-Gedankens, der eine nachhaltige Projektabwicklung ohne die Verschwendung von Ressourcen definiert.[18] In Folge dessen ist ein deutlicher Rückgang von Baumängeln und Nachträgen zu erwarten. Somit werden durch die plattform-gestützte Zusammenarbeit die Mehrwerte der BIM-Methodik genutzt und die BIM-Methodik kann vollumfänglich umgesetzt werden.

---

[18] Vgl. Plannerly (08.08.2020).

Fazit 5

Die Ergebnisse der Umfrage, die in einem seit vielen Jahren etablieren Planungsbüro durchgeführt wurde, belegen den stark heterogenen Kenntnisstand der BIM-Methodik in planenden Unternehmen. Primär liegt demnach der Fokus derzeit auf den technischen Aspekten (z. B. Planungssoftware), wohingegen der organisatorische Aspekt selbst, der die BIM-Methodik vorrangig ausmacht, vergessen wird. Belege dafür sind die fehlenden Standards für eine vollumfängliche effektive Implementierung und Umsetzung der BIM-Methodik. Demnach ist für einen effektiven Wandel von der klassischen Planung hin zur plattformgestützten Zusammenarbeit im Sinne der BIM Methodik ein strategischer Implementierungsprozess unabdingbar.

Der strategische Implementierungsprozess in einem planenden Unternehmen auf der Grundlage eines ganzheitlichen Implementierungskonzeptes kann aus theoretischer Sicht durch den Leitfaden mit integrierter BIM-Implementierungsmatrix unterstützt werden. Mit dieser Matrix lassen sich unternehmensspezifische Implementierungsstrategien unter der Berücksichtigung der Randbedingungen „Prozesse", „Anleitungen", „Menschen" und „Technologien" zur vollumfänglichen Implementierung und Umsetzung der BIM-Methodik entwickeln.

Die Aspekte (z. B. Transparenz, Nachvollziehbarkeit, Kooperation, Kollaboration) der strategischen Implementierung sind ein relevanter Bestandteil der Plattformauswahl und der damit verbundenen Konzeptentwicklung der plattformgestützten Zusammenarbeit im Sinne der BIM-Methodik. Als beispielhafte open BIM Plattform zur Entwicklung und Umsetzung des Konzeptes (Werkzeuges) hat sich die agile und transparente browserbasierte BIM-Management-Plattform Plannerly erwiesen.

© Der/die Autor(en), exklusiv lizenziert durch Springer Fachmedien Wiesbaden GmbH, ein Teil von Springer Nature 2022
C. Hornbergs, *Konzeptentwicklung für eine plattformgestützte Zusammenarbeit im Sinne der BIM-Methodik in der technischen Gebäudeausrüstung*, Forschungsreihe der FH Münster, https://doi.org/10.1007/978-3-658-37007-7_5

Die für Plannerly entwickelte universelle Vorlage „DIN 276 (KG400 only) Folders & Elements (German)" mit den Kostengruppen 411 „Abwasseranlagen" und 412 „Wasseranlagen" für das Modul „Leistung" ist ein offenes standardisiertes Konzept (Werkzeug) zur Integration in die Planungspraxis für die vollumfängliche Implementierung und Umsetzung der BIM-Methodik. Anhand des Beispielprojekts „Konzeptentwicklung im Sinne der BIM-Methodik" sind die Mehrwerte der Vorlage und der plattformgestützten Zusammenarbeit im Sinne der BIM-Methodik ersichtlich. Mehrwerte sind u. a. die agile, kooperative, kollaborative und stufenweise BIM-Zusammenarbeit der Projektbeteiligten und die damit verbundene effiziente, ressourcenschonende sowie nachvollziehbare Projektabwicklung. Das Konzept (Werkzeug) kann durch die offene Gestaltung und Features der Plattform problemlos auf andere Projekte übertragen werden.

Fachplaner können anhand der Vorlage „DIN 276 (KG400 only) Folders & Elements (German)" mit den Kostengruppen 411 „Abwasseranlagen" und 412 „Wasseranlagen" für das Modul „Leistung" die Lieferleistungen in Bezug auf die Leistungsphasen der Projektabwicklung sowie die Abhängigkeiten zu den anderen Projektbeteiligten schrittweise nachvollziehen. Parallel dazu sind die visuellen Elemente mit den hinterlegten Informationscontainern ein modernes und visuelles Arbeitsmittel über die sprachlichen Grenzen hinweg. Dadurch können Arbeitsprozesse auch ohne ein sprachliches Verständnis nachvollzogen und durchgeführt werden.

Zusammenfassend schließt das entwickelte Konzept der plattformgestützten Zusammenarbeit im Sinne der BIM-Methodik die in der Einleitung erläuterte Lücke der fehlenden Standardisierung in der Praxis. Dadurch kann mithilfe des Konzeptes (Werkzeuges) die BIM-Methodik vollumfänglich aus organisatorischen und technischen Aspekten umgesetzt werden.

Ausblick

6

Die plattformgestützte Zusammenarbeit im Sinne der Methodik in der technischen Gebäudeausrüstung ist ein ausbaufähiges umfangreiches Feld. Mit der strategischen Implementierung und dem entwickelten Konzept (Werkzeug), der Vorlage „DIN 276 (KG400 only) Folders & Elements (German)" mit den Kostengruppen 411 „Abwasseranlagen" und 412 „Wasseranlagen", ist ein nur kleiner Teil des Feldes abgedeckt. Zukünftig ist es wichtig, weitere einheitliche Standards, z. B. eine einheitliche Definition für den Begriff BIM festzulegen.

Des Weiteren kann die entwickelte universelle deutsche Vorlage „DIN 276 (KG400 only) Folders & Elements (German)" mit den Kostengruppen 411 „Abwasseranlagen" und 412 „Wasseranlagen" zur plattformgestützten Zusammenarbeit in der technischen Gebäudeausrüstung durch weitere Kostengruppen und Gewerke ausgebaut werden. Dadurch kann das Ziel erreicht werden, dass die Vorlage zukünftig alle Gewerke des Bauwerks abdeckt und die Abhängigkeiten der Projektbeteiligten ersichtlicher werden.

Zusätzlich soll die entwickelte Vorlage nach ihrer Freigabe durch Plannerly allen Plattformanwendern zur Verfügung stehen, sodass jeder die Mehrwerte der Vorlage bei der Projektabwicklung nutzen kann. Die Vorlage unterstützt somit die Projektbeteiligten bei der Anwendung der BIM-Methodik, sodass sie vollständig und unter Berücksichtigung der organisatorischen und technischen Aspekte umsetzbar ist. Des Weiteren ermöglicht die Vorlage, dass BIM kontinuierlich und strategisch implementiert werden kann. Dabei ist es essentiell, dass die Arbeitsprozesse und die Softwares aufeinander abgestimmt sind, um Schnittstellenprobleme zu vermeiden.

© Der/die Autor(en), exklusiv lizenziert durch Springer Fachmedien Wiesbaden GmbH, ein Teil von Springer Nature 2022
C. Hornbergs, *Konzeptentwicklung für eine plattformgestützte Zusammenarbeit im Sinne der BIM-Methodik in der technischen Gebäudeausrüstung*, Forschungsreihe der FH Münster, https://doi.org/10.1007/978-3-658-37007-7_6

Die BIM-Management-Plattform Plannerly kann zukünftig dahingehend verbessert werden, dass Plattformnutzer einen Link an Nicht-Plattformnutzer (z. B. Auftraggeber) versenden können. Dies würde ermöglichen, dass ein Projektbeteiligter trotz seines fehlenden Accounts die Projektabwicklung einsehen, jedoch keine Veränderungen vornehmen kann.

Durch die genannten Aspekte kann in Zukunft die BIM-Methodik vollumfänglich verstanden und noch detaillierter über den gesamten Lebenszyklus des Bauwerks umgesetzt werden.

Zusammenfassung 7

Die Politik fördert und fordert, die BIM-Methodik als internationalen und nationalen Standard bei der Durchführung von Bauvorhaben zu etablieren. Laut der
Studie „BIM-Are you ready?"[1] wird BIM bereits in den planenden Unternehmen ausgeführt, jedoch zeigen die Ergebnisse der Studie ein heterogenes Bild
der BIM-Anwendung bezüglich Wissensstand und Anwenderstatus. Außerdem
findet die BIM-Methodik innerhalb der planenden Unternehmen vor allem unter
dem technischen Aspekt Anwendung. Der organisatorische Aspekt, der weitaus
relevanter für die BIM-Methodik ist, bleibt dabei unberücksichtigt. Somit wird
die BIM-Methodik nicht vollständig umgesetzt. Gründe dafür sind die fehlenden
Standards, die Voraussetzung für eine effektive Implementierung und Umsetzung
der BIM-Methodik in einem planenden Unternehmen sind.[2]

Ziel dieser wissenschaftlichen Arbeit war es, ein offenes Konzept (Werkzeug)
für eine plattformgestützte Zusammenarbeit im Sinne der BIM-Methodik in der
technischen Gebäudeausrüstung zu entwickeln, umso die Lücke bezüglich der
Standardisierung in der Praxis zu schließen.

Die Ergebnisse der Umfrage in dem mittelständischen Planungsbüro belegen den heterogenen Kenntnisstand der BIM-Methodik, der durch fehlende
Standards für eine erfolgreiche Implementierung und Anwendung der BIM-
Methodik zu begründen ist. Somit ist für einen effektiven Wandel von der
klassischen Planung hin zur plattformgestützten Zusammenarbeit im Sinne der

---

[1] Studie Dr. Wieselhuber & Partner GmbH aus dem Jahr 2018 – Befragung von 200 Experten
aus der Baubranche.

[2] Vgl. Dr. Wieselhuber & Partner GmbH (08/2018), S. 8

BIM-Methodik ein strategischer Implementierungsprozess unter Berücksichtigung der relevanten Faktoren notwendig. Zu den relevanten Faktoren, die bei der strategischen Implementierung zu beachten sind, zählen die Einflüsse, die Randbedingungen (Prozesse, Anleitungen, Menschen, Technologien) sowie das Qualitätsmanagement. Um die strategische Implementierung umzusetzen wurde eine BIM-Implementierungsmatrix erstellt, die diese Faktoren einbezieht. Die Matrix stellt folglich ein Leitfaden und eine Basis zur Konzeptentwicklung für den erfolgreichen Wandel von der klassischen Planung hin zur plattformgestützten Zusammenarbeit im Sinne der BIM-Methodik dar. Um die definierten Ziele und Visionen in angemessener Zeit zu erreichen, ist neben der Entwicklung eines standardisierten Konzepts die richtige Reihenfolge der Implementierung zu beachten.

Zur Konzeptentwicklung (Werkzeug) für eine plattformgestützte Zusammenarbeit im Sinne der BIM-Methodik ist eine Plattform nötig, die die Aspekte der strategischen Implementierung (z. B. Transparenz, Nachvollziehbarkeit, Kooperation) berücksichtigt. Als geeignete Plattform hat sich die BIM-Management-Plattform Plannerly erwiesen, woraufhin am Beispiel dieser Plattform das Konzept (Werkzeug) für eine plattformgestützte Zusammenarbeit im Sinne der BIM-Methodik entwickelt wurde. Plannerly ist eine agile und transparente Plattform zur Koordination und Verfolgung der Projektplanung auf Basis des open BIM-Standards. Mithilfe der Plattform lassen sich die einzelnen Stufen der strategischen Implementierung und der BIM-Zusammenarbeit visuell und transparent darstellen.

Mit der Entwicklung des Konzeptes, der universellen Vorlage „DIN 276 (KG400 only) Folders & Elements (German)" mit den Kostengruppen 411 „Abwasseranlagen" und 412 „Wasseranlagen" für das Modul „Leistung" kann die Zusammenarbeit im Sinne der BIM-Methodik in der technischen Gebäudeausrüstung beispielhaft und vollständig realisiert werden. Die Grundlage der Vorlage sind die Kostengruppen 400 der DIN 276, die Leistungsphasen von der Grundlagenplanung (LPH 1) bis zur Ausführungsplanung (LPH 5) der HOAI sowie die VDI 6026 Blatt 1 „Dokumentation in der technischen Gebäudeausrüstung". Mit der Vorlage kann der Fachplaner die Lieferleistungen in Bezug auf die Leistungsphasen der Projektabwicklung und die Abhängigkeit zu anderen Projektbeteiligten nachvollziehen. Außerdem wird die Umsetzung der BIM-Methodik u. a. durch die visuelle Darstellung der LOD-Elemente und der hinterlegten Definitionen in den Informationscontainern der visuellen Elemente gefördert. Die Vorlage lässt sich zudem individuell an ein Projekt anpassen und erweitern.

Das beispielhafte Projekt „Konzeptentwicklung im Sinne der BIM-Methodik" unter Verwendung der integrierten Vorlage „DIN 276 (KG400 only) Folders & Elements (German)" stellt die Mehrwerte der Vorlage und der plattformgestützten Zusammenarbeit im Sinne der BIM-Methodik dar. Kooperative Arbeitsprozesse sind für die Projektbeteiligten durch den modularen Aufbau verständlich, visuell und transparent erläutert. Das Beispielprojekt belegt die Praxistauglichkeit der entwickelten Vorlage. Somit unterstützt das entwickelte Konzept (Werkzeug) die Umsetzung der BIM-Methodik auf Basis der plattformgestützten Zusammenarbeit in vollem Umfang. Schlussendlich wird dadurch die Projektabwicklung effizienter und ressourcenschonender.

Als mögliche Verbesserung kann die Erweiterung der Vorlage auf andere Kostengruppen und Gewerke festgehalten werden, sodass alle Bestandteile eines Baus berücksichtigt werden. Bezüglich der Plattform Plannerly ist die Lesbarkeitsfunktion von Nicht-Plattformnutzern wünschenswert, um alle Projektbeteiligten an dem Planungs- und Durchführungsprozess teilhaben zu lassen.

Literaturverzeichnis

1. *AHO-Arbeitskreis* (2019): Leistungen Building Information Modeling – die BIM-Methode im Planungsprozess der HOAI, Köln: Reguvis Bundesanzeiger Verlage
2. *Arbeitskreis BIM, AG BIM-Leitfaden* (2016): BIM-Leitfaden für die Planerpraxis: Empfehlungen für planende und beratende Ingenieure, Berlin
3. *Baldwin, Mark/e.V., DIN./AG, Mensch und Maschine Schweiz* (2018): Der BIM-Manager: Praktische Anleitung für das BIM-Projektmanagement, Berlin: Beuth Verlag
4. *Borrmann, André u. a.* (2015): Building Information Modeling: Technologische Grundlagen und industrielle Praxis, Wiesbaden: Springer Vieweg
5. *Bundesministerium für Verkehr und digitale Infrastruktur* (Hrsg.) (2015): Stufenplan Digitales Planen und Bauen BMVI: Einführung moderner, IT-gestützter Prozesse und Technologien bei Planung, Bau und Betrieb von Bauwerken, Berlin [Zugriff 15.07.2020]
6. *Bundesministerium für Verkehr und digitale Infrastruktur* (Hrsg.) (2019): Teil1 Grundlagen und BIM-Gesamtprozess, Berlin, <https://bim4infra.de/> [Zugriff Abgerufen am 26.02.2020]
7. *Bundesministerium für Verkehr und digitale Infrastruktur* (Hrsg.) (2019): Teil 2 Leitfaden und Muster für Auftraggeber-Informationsanforderungen (AIA), Berlin, <bim4infra.de> [Zugriff 12.09.2020]
8. *DIN 276* (2018): Kosten im Bauwesen, Berlin: Beuth Verlag GmbH
9. *DIN EN ISO 19650–1* (2019): Organisation und Digitalisierung von Informationen zu Bauwerken und Ingenieurleistungen, einschließlich Bauwerksinformationsmodellierung (BIM) – Informationsmanagement mit BIM – Teil 1: Begriffe und Grundsätze, Berlin: Beuth Verlag GmbH
10. *DIN EN ISO 19650–2* (2019): Organisation und Digitalisierung von Informationen zu Bauwerken und Ingenieurleistungen, einschließlich Bauwerksinformationsmodellierung (BIM) – Informationsmanagement mit BIM – Teil 2: Planungs-, Bau- und Inbetriebnahmephase, Berlin: Beuth Verlag GmbH

11. *Dr. Wieselhuber & Partner GmbH* (2018): BIM – are you ready?: Strategische und operative Gestaltungsimpulse für die Bauindustrie, München

12. *Dr.-Ing. Peter Vogel/Dr. Christoph Schünemann* (2017): BIM im Planungsprozess der (TGA), in: GI – Gebäudetechnik in Wissenschaft & Praxis (2017), 44–52

13. *Egger, Martin/Hausknecht, Kerstin/ Liebich, Thomas* (2013): BIM-Leitfaden für Deutschland

14. *Eschenbruch, Klaus; Leupertz, Stefan* (2016): BIM und Recht, Köln: Werner

15. *Essig, Bernd* (2015): BIM und TGA: Engineering und Dokumentation der technischen Gebäudeausrüstung, Berlin: Beuth Verlag GmbH

16. *Exigo* (2020): Entdecken Sie das neue BIM-Planungstool „Plannerly" | Exigo A/S, <https://exigoconsult.de/> [Zugriff 24.09.2020]

17. *Hausknecht, Kerstin/Liebich, Thomas* (2016): BIM-Kompendium: Building Information Modeling als neue Planungsmethode, Stuttgart: Fraunhofer IRB Verlag

18. *Koalition NRW* (2017): Koalitionsvertrag für Nordrhein-Westfalen: 2017 – 2022, Düsseldorf

19. *Kröger, Samy/e.V.* (2018): BIM und Lean Construction: Synergien zweier Arbeitsmethodiken, Berlin: Beuth Verlag GmbH

20. *LOD Planner* (2020): BIM Planning Introduction – BIM Management, Made Simple, <www.lodplanner.com> [Zugriff 26.09.2020]

21. *Pilling, André* (2019): BIM – Das digitale Miteinander, 3. Aufl., Berlin: Beuth Verlag GmbH

22. *Plannerly* (2020): About Us – Plannerly, <www.plannerly.com> [Zugriff 23.09.2020]

23. *Plannerly | Get Tech-Innovative Solutions* (2020), <www.get-tech-solutions.com> [Zugriff 20.09.2020]

24. *Przybylo, Jakob* (2015): BIM – Einstieg kompakt: Die wichtigsten BIM-Prinzipien in Projekt und Unternehmen, Berlin: Beuth Verlag GmbH

25. *Rat der europäischen Union* (2013): Richtlinie des europäischen Parlamentes und des Rates über die öffentliche Auftragsvergabe Nr. 154 [Zugriff 21.07.2020]

26. *Silbe, Katja; Díaz, Joaquín; Baier, Christian; Franke, Lisa; Herter, Leonid; Potpara, Milena; Scharfenberg, Philipp; Wellensiek, Tobia*s (2017): BIM-Ratgeber für Bauunternehmer: Grundlagen, Potenziale, erste Schritte, Köln: Rudolf Müller GmbH & Co. KG

27. *Spengler, Armin J.* (2020): Die Methode Building Information Modeling: Schnelleinstieg für Architekten und Bauingenieure, Wiesbaden: Springer Fachmedien

28. *VDI* (2020): VDI-Richtlinien, <www.vdi.de#c31> [Zugriff 10.11.2020]

29. *VDI 2552 Blatt 1* (2020): Building Information Modeling – Grundlagen: Building Information Modeling – Grundlagen, Berlin: Beuth Verlag GmbH

30. *VDI 6026 Blatt 1* (2008): Dokumentation in der Technischen Gebäudeausrüstung: Inhalte und Beschaffenheit von Planungs-, Ausführungs- und Revisionsunterlagen, Berlin: Beuth Verlag GmbH

31. *Zentralverband des Deutschen Baugewerbes e.V.* (2017): Einführung von Building Information Modeling (BIM) im Bauunternehmen, Berlin

Printed in the United States
by Baker & Taylor Publisher Services